多模态大模型
技术原理与实战

彭勇 彭旋 郑志军 茹炳晟◎著

电子工业出版社
Publishing House of Electronics Industry
北京·BEIJING

图书在版编目（CIP）数据

多模态大模型：技术原理与实战 / 彭勇等著. —北京：电子工业出版社，2023.11
ISBN 978-7-121-46562-8

Ⅰ. ①多… Ⅱ. ①彭… Ⅲ. ①系统模型 Ⅳ. ①N945.12

中国国家版本馆 CIP 数据核字（2023）第 197235 号

责任编辑：石　悦
印　　刷：三河市兴达印务有限公司
装　　订：三河市兴达印务有限公司
出版发行：电子工业出版社
　　　　　北京市海淀区万寿路 173 信箱　　邮编：100036
开　　本：720×1000　　1/16　　印张：18.75　　字数：325 千字
版　　次：2023 年 11 月第 1 版
印　　次：2024 年 5 月第 5 次印刷
定　　价：100.00 元

凡所购买电子工业出版社图书有缺损问题，请向购买书店调换。若书店售缺，请与本社发行部联系，联系及邮购电话：（010）88254888，88258888。

质量投诉请发邮件至 zlts@phei.com.cn，盗版侵权举报请发邮件至 dbqq@phei.com.cn。

本书咨询联系方式：faq@phei.com.cn。

前　言

ChatGPT 和 GPT-4 这两个知名大模型的发布，让大模型迅速成为爆点，重新点燃了人们对通用人工智能的热情。很多国家和地区都开始致力于大模型的研发、应用和推广。我们认为，以大数据和人工智能为核心技术驱动的新的科技革命即将到来，数字赋能一切的新的数字经济范式也即将到来。面对数字经济的时代大背景，无论从业者来自哪个行业（互联网行业、通信行业、金融行业、传统制造行业或服务行业等）、从事哪种职业（研发人员、工程师、设计师、编辑等），都会受到数字经济的影响。

大模型研发更像一场遍布全球的科技"军备竞赛"，模型的效果如果"差之毫厘"，面临的结局可能就是"谬以千里"。从技术发展的角度来看，我们认为，单模态大模型只是过渡型技术，多模态大模型将成为通用人工智能赋能各行各业的重要技术底座。当前国内详细介绍多模态大模型的发展历史、技术要点和应用方面的书籍少之又少，很多从业者即使想深入学习，也难以找到体系化的教材。所以，我们撰写了本书。

大模型的核心特征是"大数据、大算力和大参数量"，这几个"大"字无疑极大地提高了人工智能大模型的研发、训练、部署和应用门槛。中小公司有点玩不起人工智能大模型了，这是中小公司面临的难题。基于此，本书详细介绍了中小公司的大模型构建之路，阐述了如何通过微调、量化压缩等技术构建垂直领域的轻量级大模型。

另外，为了更好地让来自不同领域的读者熟悉多模态大模型的价值，我们还详细阐述了多模态大模型在六大领域（分别是金融领域、出行与物流领域、电商领域、工业设计与生产领域、医疗健康领域和教育培训领域）的应用，帮助读者更好地理解多模态大模型的应用场景和可能产生的商业价值。

我们希望读者能够通过对本书的学习，更好、更快地拿起多模态大模型这个"强大武器"，高效地促进所在产业的数智化转型和变革。同时，我们也希望通过本书的创作可以与研究和应用多模态大模型的专业人士深入、广泛地交流和合作。

4 位坚信"人工智能改变世界"的伙伴（彭勇、彭旋、郑志军和茹炳晟）共同完成了本书的撰写。彭勇是大数据应用和大模型专家，彭旋和郑志军是大模型算法专家，茹炳晟是腾讯的技术专家。我们还要感谢在本书创作过程中给予我们支持的领导、家人、同事和朋友，同时感谢电子工业出版社博文视点公司的石悦老师。他们的信任、鼓励和支持，是我们持续创作和不断前进的动力。

彭 勇

2023 年 9 月

目　　录

第1章 OpenAI 一鸣惊人带来的启示

ChatGPT 横空出世，重燃了人们对人工智能（Artificial Intelligence，AI）的热情之火。本章将重点探讨 OpenAI 成功背后的逻辑及其带给创业者的启示。

纵观人类的历史长河，很多时候，技术并不是突然突破的。相反，技术突破是一个循序渐进的过程，是一个量变引起质变的过程，是"前人栽树后人乘凉"的必然结果。我观察到许多创业者一直在追赶热点，也一直在变换公司的发展方向，前天搞智能客服，昨天其公司摇身一变成为元宇宙科技公司，在GPT（Generative Pre-trained Transformer，生成式预训练 Transformer）模型火了之后，立刻改弦易辙，把自己包装成通用人工智能（Artificial General Intelligence，AGI）科技创新公司，未来不知道还会穿上何种外衣。

在科技变革如此高速的时代，创业者如果只是追赶热点，那么其成功的概率是很低的。科技日新月异，热点变化得太快，前天的热点是云计算，昨天的热点是元宇宙，今天的热点是大模型，明天的热点可能就变成了 AGI 或其他。

对于一本技术类图书来说，本书为什么在开篇要讨论 OpenAI 的成功背景？我们希望能够找到一些有价值的见解，更清晰地复现核心科技突破的时代背景，更好地帮助科技创业者找到努力前行的动力、方向和勇气。赛道选对了，就意味着成功了一半，剩下的一半就靠人才和汗水。

大模型越来越大，参数越来越多，需要的数据越来越多，对算力的要求越来越高，训练一次的费用高达数百万美元，如此庞大的支出不是中小公司能负担得起的。可以说，AGI 赛道的竞争，至少在底座模型层面已经逐渐演变成一场大公司或者资金十分充裕的公司之间的长期的"军备竞赛"。

中小公司是否还有机会？答案是肯定的，我们大胆地预测未来的产业格局：大公司建生态，中小公司提供垂直领域的服务，比如数据标注、算力优化等，但是这需要很多前提，比如行业开放共享、行业不出现垄断等。

随着 AGI 技术的日益成熟，我们相信会产生大量的科技类和服务类公司。千里之行始于足下，我们希望本章的内容能够让读者从 OpenAI 的成功中得到一些启示。

1.1 OpenAI的成长并非一帆风顺

贯穿人类发展的历史长河，科学和技术始终是促进人类社会发展与变革的核心驱动力。比如，指南针的发明，助力人类大航海时代的开启，让人类的财富获得了极大的增长。印刷术的发明，推动了人类文明的传承，大幅度提高了生产力。蒸汽机的发明，标志着人类进入了机械化时代。因特网的发明，推动人类进入了信息化时代。大数据技术和云计算平台的广泛落地，标志着产业迈入数智化时代。AlphaGo 和 AlphaFold 的诞生，预示着机器人在某些垂直领域内比人类更专业、更聪明。GPT-4 多模态大模型（简称 GPT-4）的诞生，预示着人类距离 AGI 时代不再遥远……

国外著名的信息化咨询服务企业 Gartner 每年都会发布新兴技术成熟度曲线（Hype Cycle for Emerging Technologies），以帮助市场了解当前的新兴技术及其发展趋势。引起人们兴趣的是，这些技术有可能成为驱动下一次人类社会生产力变革和产业革命的关键技术。通过研究近 10 年（从 2014 年到 2022 年）Gartner 发布的新兴技术成熟度曲线，我们发现：与 AI 相关的技术一直处于行业的"热点"地位，比如智能机器人、自动驾驶、深度强化学习、强人工智能、机器视觉、生成式人工智能等。这说明近 10 年来，AI 技术一直都处于行业研究和产业落地的前沿地位，也是人类科技发展的重要方向。

我们的观点是，昨天的 AlphaGo、今天的 GPT-4，都是 AI 技术持续发展的必然结果。从整体而言，GPT-4 不是终局，AGI 之路还很漫长，未来大概率还会有新的范式和明星产品出现。

2015 年 12 月，特斯拉创始人埃隆·马斯克和 Y Combinator 总裁山姆·阿尔特曼在蒙特利尔 AI 会议上宣布 OpenAI 成立。因为谷歌在 AI 领域占据强大的领导地位，所以 OpenAI 从成立之初就仿佛一直活在巨人的阴影之下。谷歌在自然语言处理领域的研究硕果累累，比如谷歌大脑团队在 2017 年发布了 Transformer 预训练模型，在 2018 年发布了基于转化器的双向编码表示（Bidirectional Encoder Representation from Transformers，BERT）模型，这两个研究成果将机器对自然语言的理解推到了新的高度，也是 AI 发展史上里程碑式的研究成果。

下面详细介绍从成立开始，OpenAI 的重要发展历程。

（1）2018 年以前一直默默无闻，"两耳不闻窗外事"，努力搞研发，做一些 AI 的基础建设工作，虽然发布了一些研究成果，但是由于效果一般，并没有激起多少浪花。

（2）2018 年 2 月，由于理念不合，埃隆·马斯克宣布退出 OpenAI，一时激起千层浪。随着埃隆·马斯克的退出，OpenAI 的资金开始有些捉襟见肘。

（3）在谷歌的 Transformer 预训练模型发布后，OpenAI 团队受到了极大启发，发现强大的算力+预训练+海量数据的方式可以让模型不断迭代和优化。2018 年 6 月，OpenAI 发布了生成式预训练转化器（Generative Pre-trained Transformer，GPT）小模型 GPT-1。虽然该模型在自然语言生成（Natural Language Generation，NLG）领域有一定的效果，但是在自然语言理解方面效果一般，因此没有引起行业的广泛关注。

（4）2019 年年初，为了解决资金问题，OpenAI 改变了非营利组织的商业形态，将公司拆解为两个部分：技术部分仍是非营利组织，而商业部分变为营利组织，不过设置了投资回报率的上限，超过投资回报率上限的收益将转为非营利组织的收益。

（5）2019 年 2 月，OpenAI 发布了 GPT-2。与 GPT-1 相比，该模型的参数更多，效果更好，开始引起学术界的关注。

（6）2019 年 7 月，OpenAI 获得了微软 10 亿美元的投资，并与微软深度绑定。在解决了资金问题之后，OpenAI 开始专注于技术，发展进入了快车道。

（7）2020 年，OpenAI 推出了 GPT-3。GPT-3 引入了一些创新举措，比如指示学习，使得其推理能力大幅度提高，引起了行业更多的关注。

（8）2022 年年底，OpenAI 推出了爆款产品 ChatGPT，快速火爆全球，让世人瞩目，全球开始争相模仿。

（9）2023 年，OpenAI 推出了 GPT-4，其能力比 ChatGPT 有了显著提高，不论是在处理多模态任务上，还是在自然语言处理和生成能力上，都显著强于ChatGPT。一时间，GPT-4 让全球膜拜，让对手胆寒。

可惜 GPT-4 尚未开源，具体的技术细节还不得而知。我们觉得单模态大模型 ChatGPT 只是过渡产品，多模态大模型（类似于 GPT-4）才代表 AI 未来的发展趋势。这也解释了为什么 OpenAI 在发布 ChatGPT 短短几个月后就发布了具有划时代意义的，效果远超 ChatGPT 的多模态大模型 GPT-4。

我们可以将 OpenAI 的发展历程分为 5 个阶段，分别是摸索期、低谷期、发展期、一鸣惊人期和高速发展期，如图 1-1 所示。

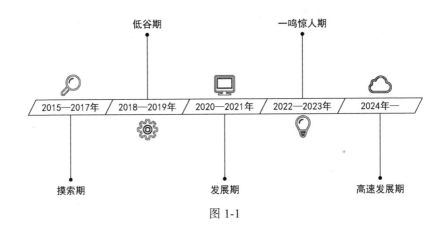

图 1-1

（1）摸索期。2015—2017 年是 OpenAI 发展的摸索期和初级阶段。在这个时期，OpenAI 主要搭建平台，寻找技术方向和打磨队伍。

（2）低谷期。2018—2019 年是 OpenAI 发展的低谷期。OpenAI 遭遇了核心创始人的退出，也遭遇了资金方面的捉襟见肘。好在 OpenAI 有着强大的明星创始团队和科技大佬的支持，找到了微软这个"大靠山"。

（3）发展期。2020—2021 年是 OpenAI 处在修炼内功的发展阶段，在解决了资金问题之后，找到了技术发展的方向，稳扎稳打，"撸起袖子加油干"。

（4）一鸣惊人期。2022—2023 年，OpenAI 的发展一鸣惊人，分别推出了两大明星产品 ChatGPT 和 GPT-4，让世界瞩目，也改变了整个 AI 行业。

（5）高速发展期。从 2024 年开始将是 OpenAI 的高速发展期，GPT 系列模型的能力会逐渐完善，新的版本也将陆续发布，商业应用和赋能的场景会越来越多。

1.2　OpenAI成功的因素

尽管 OpenAI 的发展并非一帆风顺，经历了创业前期的摸索、低谷和起伏，但是从整体而言 OpenAI 的发展十分迅猛。自 2015 年成立到 2022 年年底，短短 7 年时间，OpenAI 一跃成为 AI 领域的重要一极，甚至有成为领军人的"潜力"，这着实让人惊叹，也不禁让人感叹这家公司的伟大。

7 年时间，弹指一挥间，很多公司倒闭了，很多公司裹足不前，为什么 OpenAI 能够快速崛起？OpenAI 成功的因素到底有哪些？下面尝试解答这些问题。

失败的原因有很多，成功的因素无外乎资金、人才和资源。通过对 OpenAI 的创始团队和公司发展历程的研究，在资金、人才和资源的基础上，我们总结出其成功的 6 个关键因素，如图 1-2 所示。

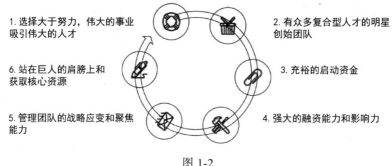

图 1-2

（1）选择大于努力，伟大的事业吸引伟大的人才。OpenAI 的创始团队选择 AGI 这个"伟大的事业"作为公司发展的方向，并励志打破巨头的垄断，成为 AI 势力中的重要一极。改变世界的梦想不一定适合所有创业者，毕竟不是每个人都适合做惊天地泣鬼神的大事，还有些人适合做立足于眼前的事情。对于大部分初创公司来说，第一个成功的因素可以弱化为公司选择的市场是否足够大，影响面是否足够广，影响的人群是否足够多。根据我们创业的经历，这里可以简单地给出一个市场容量的最低标准，比如对于 100 亿元的市场盘子，假设公司能占据的市场份额为 10%，那就是 10 亿元的营收。这就是一家不错的公司。

（2）有众多复合型人才的明星创始团队。伟大的事业往往能吸引出类拔萃的人才。OpenAI 的创始团队主要包含以下几类顶尖人才：顶级的"金主"、拔尖的投资人、全球有影响力的科技大佬和"技术大拿"。这意味着 OpenAI 在成立之初，就拥有了成功公司的 3 个因素：资金、人才和资源。当然，对于大部分初创公司来说，这个条件也可以弱化为初创公司需要管理人才、融资人才、技术人才和商务人才。"一个好汉三个帮"，一个公司要想成功，至少需要这几个方面的核心人才。

（3）充裕的启动资金。OpenAI 在成立之初大概募资了 10 亿美元，这保证了 OpenAI 现金流的稳定性，即使公司在前几年发展方向不清晰，处于"不断摸索的状态"，也能保证公司轻松地"活下来"。对于初创公司来说，资金十分关键，这是公司能够战胜竞争对手的核心武器之一。

（4）强大的融资能力和影响力。当公司发展处在低谷的时候，OpenAI 的创始团队能快速融资，而且能找到大佬投"大钱"（微软投资了 10 亿美元）。这不仅能解决公司的生存问题，还可以依托大佬的资源，让公司快速成长。对于大部分初创公司来说，其实因素（3）和因素（4）也可以弱化为初创公司需要一个强大的 CFO（Chief Financial Officer，首席财政官），这个 CFO 能够找到"金主"，为公司解决钱方面的后顾之忧。

（5）管理团队的战略应变和聚焦能力。在发现问题后，OpenAI 的管理团队能快速地解决问题，而在发现方向不对后，能快速地调整方向。当发现方向可能是对的时，OpenAI 的管理团队能做到战略聚焦，持之以恒地攻坚克难。对于大部分初创公司来说，因素（5）可以弱化为初创公司需要一个有能力和不断学习的掌舵人。

（6）站在巨人的肩膀上和获取核心资源。OpenAI 的成功其实离不开竞争对手（比如，谷歌、Facebook 等）的技术和人才，我们将其统称为"巨人"。OpenAI 一直站在巨人的肩膀上。如前面所述，OpenAI 的爆款产品 ChatGPT 借鉴了谷歌提出的许多技术思路。微软不仅给 OpenAI 带来了"枪和炮"，还给 OpenAI 带来了 AGI 应用的诸多场景，这可以帮助 OpenAI 的产品从实战中快速得到验证和迭代，并有助于加快商业化进程。对于大部分初创公司来说，因素（6）也具有现实价值，要努力找到自己创业的核心资源，这能够让创业事半功倍。

简而言之，一个公司要获得成功离不开资金、人才和资源。这 3 个因素是成功的充分条件。在有了这 3 个充分条件后，公司还需要确定正确的发展方向和愿景，并具有强大的战略应变、聚焦和执行能力。

1.3　OpenAI特殊的股权设计带来的启示

我曾经参加过一个科技论坛，有一位国内知名的区块链专家详细介绍了 OpenAI 特殊的股权设计，并赞赏该股权设计，提出了"灵魂拷问"：为什么在中国不能出现这种股权设计？为什么在这种股权设计中，即使没有绝对的掌控力，微软也愿意投巨资？当然，专家并没有给出问题的答案，只是简单地提出自己的"灵魂拷问"。

OpenAI 为什么要引入风险投资？我们认为，核心原因还是 OpenAI 的"大数据、大算力、大参数量、大模型"模式太"烧钱"，大模型完整训练一次可能需要花费数百万美元，这头"吞金兽"很容易让 OpenAI 陷入"地主家也没有余粮"的困境。

为了既解决资金问题，又保持一定的独立性，2019 年，OpenAI 推出了全新的股权结构，在原来 OpenAI 非营利组织（OpenAI Inc）的基础上，成立了一家有限合伙公司（OpenAI LP Ltd），由该公司作为 OpenAI Inc 的融资平台，为 OpenAI Inc 提供资金支持，同时也允许该公司将利润分配给风险投资人和员工。

为了保留对公司的控制权，OpenAI Inc 作为 OpenAI LP Ltd 的普通合伙人（General Partner，GP），主要负责 OpenAI LP Ltd 的管理和运营，而其他投资人、核心团队作为有限合伙人（Limited Partner，LP）。无论 LP 占股多少，都不直接参与公司的管理和运营，而只享受公司的投资回报。因为 OpenAI Inc 是非营利组织，所以无法上市，因此 LP 无法享受股票增值等收益，只能享受分红等权益。

为了让 LP 获得足够收益后合理退出，OpenAI 做了特殊的设计，让 LP 可以从 OpenAI LP Ltd 的利润中获得回报。GP、LP 的股权设计在现代股权设计中十分普遍，在此不做赘述。

下面重点介绍 OpenAI 最具特色的退出机制。股东对 OpenAI LP Ltd 的投资回报并不是无穷无尽的。为了兼顾 OpenAI Inc 的非营利性和独立性，OpenAI 设计了"回报封顶"的特殊退出机制。

"回报封顶"采用分级策略，第一批合伙人（First Close Partner, FCP ）最高可以获得 100 倍的利润回报，比如投资了 10 万美元，最高可以获得 1000 万美元的利润回报。后期进入的投资人的回报比例会有所降低，最高不会高于

20 倍。

所有 LP 在获得"回报封顶"规定的收益后，其股份将无偿转让给 OpenAI Inc，至此将不再持有 OpenAI LP Ltd 的股份，也不再享有利润回报。

以微软为例，微软累计给 OpenAI LP Ltd 投资了约 130 亿美元，只享受公司的利润分享权，并不能直接参与公司的管理和运营。在获得"回报封顶"规定的收益后，微软的股份将无偿转让给 OpenAI Inc，微软不再享有直接的利润回报。假设微软的收益倍数是 10 倍，微软投资了 130 亿美元，其总收益为 1300 亿美元，在微软从 OpenAI LP Ltd 累计获得 1300 亿美元后，微软的股份将无偿转让给 OpenAI Inc。

此外，OpenAI LP Ltd 也设置了详细的规则，规定了退出的顺序。退出机制可以简单地分为 5 个阶段，如图 1-3 所示。

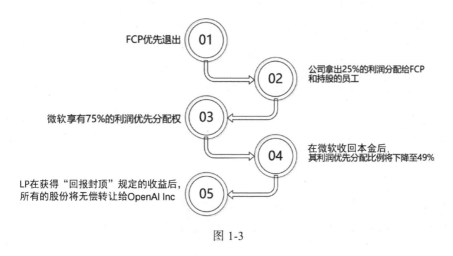

图 1-3

（1）第一个阶段：FCP 享有优先退出权。直到 FCP 收回投资本金后，其他的 LP 才能选择退出。

（2）第二个阶段：公司拿出 25%的利润分配给 FCP 和持股的员工，直到达到利润的上限。

（3）第三个阶段：微软享有 75%的利润优先分配权，直到收回本金。

（4）第四个阶段：在微软收回本金后，其利润优先分配比例将下降至 49%，其余的部分继续支付 FCP 和持股的员工的收益。

（5）第五个阶段：LP 在获得"回报封顶"规定的收益后，所有的股份将无偿转让给 OpenAI Inc。

OpenAI 的股权设计确实做了一些创新，按照当前 OpenAI LP Ltd 获得的融资额，我们推算，其累计利润到达 1500 亿美元才能还完股东的投资本金和收益部分。根据公开发布的财报数据，Meta 2022 年的净利润为 232 亿美元，谷歌 2022 年的净利润为 600 亿美元，微软 2022 年的净利润为 727 亿美元，苹果 2022 年的净利润为 998 亿美元。这四大巨头成立的时间分别为 2004 年、1998 年、1975 年和 1976 年，距今（2023 年）的成立年限分别为 19 年、25 年、48 年和 47 年。

OpenAI 在 2022 年还处于亏损状态，大约亏损 5 亿美元，因此要获得 1500 亿美元的累计利润确实"路漫漫其修远兮"，任重而道远。由此可以看出，微软花巨资投资 OpenAI，可能看重的并不是短期回报或者现金回报，而是 OpenAI 给微软带来的商业价值和股票方面的回报。

综上所述，OpenAI 特殊的股权设计确实可以给从事硬科技研发且需要巨大投入的科技公司带来一些启示，这样既能有效地解决资金问题，又能从长远上保持经营的独立性，值得行业借鉴。

OpenAI 的 FCP 和微软等投资者因为相信 AGI 的潜力和价值而选择相信 OpenAI，同时也相信 AGI 具有巨大的商业价值。从事硬科技研发的中小公司能否给投资者同样的愿景，并获得投资者的信任是一项重大挑战。

此外，在 OpenAI 后期的投资者中，最关键的角色是巨头微软。我们认为最主要的原因是 OpenAI 的产品可以和微软的产品形成战略协同，从而大幅度提高微软的商业价值。同时，微软拥有丰富的应用场景，也能快速推动 OpenAI 的产品商业化。两者其实是相辅相成、相互提高的关系。因此，从事硬科技研发的中小公司能否找到类似的战略协同巨头，也是能否快速成功的关键因素。

1.4　思考

作为一本技术类图书，我们为什么要在第 1 章写 OpenAI 成功背后的逻辑？作为科技爱好者和从业者，我们想让大家知道，要做成一件事，技术很重要，但是除了技术之外还有很多因素。从商业成功的角度来看，这些因素可能比技术本身还重要。

OpenAI 的横空出世重新点燃了各个行业对 AI 的热情，也让我们第一次感觉人类距离 AGI 越来越近。作为 2015 年的创业公司，短短 7 年时间，OpenAI 给行业带来了两款明星产品 ChatGPT 和 GPT-4，给这个世界带来了如此大的震撼。OpenAI 到底能给创业者带来哪些启示？这是本章想重点研究的课题。1.2 节详细讨论了 OpenAI 成功的 6 个因素。我也是一名创业者，经过两年的摸索，我发现要做成事业，这 6 个因素至关重要。当然，OpenAI 还有很多其他闪光点，比如其独特的股权设计、战略自适应能力、协同伙伴的选择能力、战略聚焦和专注能力等，这些也是其快速成功的关键因素。

潮起潮落，花开花谢，AGI 之路肯定不会一帆风顺，笑看风云，只有用平常心态看待一时的高峰和低谷，才能获得持续发展的能力和动力。在 AGI 领域，未来肯定还会诞生其他的明星产品，只要在这条路上坚持不懈，就肯定会有收获。对于广大的中小公司而言，道理也一样，虽然资金和资源相对少点，但是只要方向正确，保持正向现金流，付出持之以恒的努力肯定就会有收获。我们衷心希望通过深入挖掘 OpenAI 成功的因素，能够对广大的科技爱好者、从业者或创业者有所帮助，也衷心希望他们能为多模态大模型的发展和应用做出贡献，从而实现其商业价值。

此外，与单模态大模型相比，我们认为多模态大模型（比如 GPT-4）才是 AI 的未来，未来也会成为各行各业的基础 AI 设施，而单模态大模型（比如 ChatGPT）只是过渡产品。但是，我们发现当下很少有书籍或研究报告能够将多模态大模型的技术思路、技术亮点和实际应用案例详细介绍清楚。大部分书籍或者研究报告的介绍都是"蜻蜓点水"，点到为止，读者看完也不明白如何应用多模态大模型、如何和自己的场景结合产生商业价值。

基于这些痛点，在后面的章节中，我们会重点介绍 OpenAI 的两大明星产品 ChatGPT 和 GPT-4 的技术原理与技术亮点，并通过实际案例清晰地展示如何应用 ChatGPT 和 GPT-4、如何产生商业价值。

第2章 自然语言处理的发展历程

OpenAI 的第一个明星产品是 ChatGPT，其包含了 OpenAI 对大语言模型（Large Language Model，LLM）的主要认知、思考和技术亮点，也集成了行业各家对自然语言理解领域研究的先进思想。因此，可以认为 ChatGPT 博采众家之长，是自然语言理解领域集体智慧的结晶。

ChatGPT 在诞生后，迅速在各行各业掀起了 AI 应用的潮流，比如智能客服、AI 助理、文学创作、翻译、情感分析等应用开始涌现。也许很多读者只看到了聚光灯下的 ChatGPT，只看到了光鲜亮丽的 ChatGPT，但是我们深知：ChatGPT 这个明星产品的诞生并不是一蹴而就或者一帆风顺的。我们想把 ChatGPT 成长的故事呈现出来，让读者清楚 LLM 的发展史和 ChatGPT 的成长史，以便更好地理解 LLM 的技术选型、技术路线和技术栈。

此外，因为 ChatGPT 尚未开源，技术细节尚未公开发表，官网上只有只言片语的介绍，所以难以看清 ChatGPT 的全貌，也无法看到其在自然语言处理公开数据集上的表现效果，同时也看不到 ChatGPT 和另一个网红产品 BERT 的性能对比。一般而言，BERT 被广泛地应用到自然语言理解领域，而 ChatGPT 在自然语言生成和推理上展现出了卓越的能力。

大部分人对 ChatGPT 的感知，来源于其友好的交互性接口和强大的数理推理能力，仅此而已。ChatGPT 的推出是自然语言处理历史上重大的里程碑。本章首先介绍自然语言处理的里程牌，然后详细分析 ChatGPT 和 BERT 的优缺点，并对两者在自然语言处理能力方面进行全面对比，让读者清楚地看到 ChatGPT 的优势和劣势。

2.1 自然语言处理的里程碑

2.1.1 背景介绍

自从人类诞生以来，语言就成为人类交流、沟通的重要工具。语言的出现甚至要早于文字，人类社会先有语言后有文字。人类在交流、沟通的时候，经常会出现这样的情况，一个没有接受过语言教育的成人，在描述稍微复杂一点儿的事情时，虽然也能够用语言阐述和表达（我们俗称为口语表达），但是在很多情况下难以表达得特别清晰、明确或者表达有歧义，让听众难以听懂，需要反复沟通和确认才能完全明白他想要表达的内容。这也是自然语言的特点之一，自然语言是知识的逻辑组合。自然语言处理存在许多难点，下面总结了 9 个难点：

（1）有很多俚语、方言、敬辞、黑语等表达形式，还存在书面语和口语的表达形式。

（2）存在错别字，或者语法不规范的场景。

（3）新的用语层出不穷，比如网络新词、网络新用语等。

（4）灵活度高，不同的单词可以灵活组合成更复杂的描述。

（5）规范性差异大，逻辑严谨性差异大。

（6）一词多义，容易产生歧义。比如"苹果，我喜欢"，到底要表达的是喜欢苹果手机，还是苹果这类水果？

（7）与语境和上下文密切相关。对于同样的描述，在不同的语境里表达的意思差别很大。

（8）需要处理情感。自然语言的表达是含有情感的，对于同一个描述，情感不同，意思可能完全相反。

（9）需要处理多轮对话。

在自然语言处理领域，学术界和工业界一直在努力解决上述问题，从自然语言处理技术的发展进程来看，Daniel Jurafsky 和 James H. Martin 在《自然语言处理综论》（第二版）①中，根据自然语言的建模方法，将自然语言处理的发展历程分为 6 个阶段，分别是萌芽期、符号和随机概率期、四种范式期（符号模型、随机模型、基于逻辑的系统、话语建模范式）、有限状态模型期、基于概率和大数据驱动的融合模型期及浅层机器学习期，如图 2-1 所示。

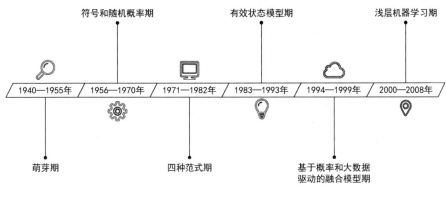

图 2-1

　　值得注意的是，在 Daniel Jurafsky 和 James H. Martin 撰写《自然语言处理综论》（第二版）的时代，深度学习、预训练语言模型、大模型等技术或尚未诞生或方兴未艾，因此并未列入分类中。

2.1.2　自然语言处理发展的 7 个阶段

　　基于前辈们对自然语言处理的研究成果，从自然语言处理模型的范式变革角度，我们将自然语言处理的发展分为 7 个阶段，如图 2-2 所示。

1. 起源期（1913—1956 年）

　　起源期的主要代表人物有图灵、马尔可夫、史蒂芬·科尔·克莱尼和香农。在自然语言处理的起源期，比较典型的研究成果有图灵算法计量模型、马尔可夫模型、固定权重的单层神经元模型 McCulloch-Pitts 和史蒂芬·科尔·克莱尼的有限自动机理论（包含香农的基于概率的有限自动机模型）。在起源期，学

---

① Daniel Jurafsky，James H. Martin. 自然语言处理综论. 2 版. 冯志伟，译. 北京：电子工业出版社，2018.

术界更多的是思考如何使用图灵算法计量模型来描述自然语言，描述词语及词语之间的关系，而且在这个阶段更多的是在理论层面做一些探索，并没有产生太多有价值的应用。

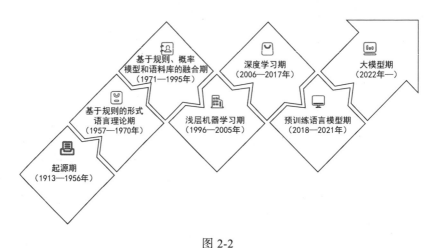

图 2-2

说起自然语言处理的起源，就不得不提马尔可夫模型。马尔可夫认为语言之间存在某种关联性，并且可以使用概率模型进行表示。1913 年，马尔可夫从普希金的小说《叶甫盖尼·奥涅金》中选择了 2 万个字母（去掉标点符号、停顿符、空格等）构成了字母序列。然后，马尔可夫研究构成的字母序列，得出了如图 2-3 所示的统计结果。

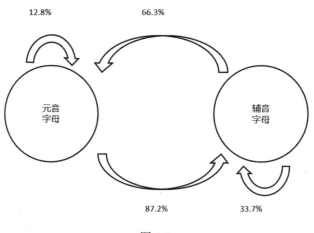

图 2-3

从图 2-3 中可以看出，小说《叶甫盖尼·奥涅金》中的字母序列是存在一定概率统计规律的，辅音字母后面跟着元音字母的概率最高，高达 87.2%，而元音字母后面还是元音字母的概率最低，只有 12.8%。

马尔可夫通过深入研究进一步得出，某个事件下一个状态的概率分布只由当前状态决定，从时间序列上看与前面的事件无关，这就是著名的马尔可夫链。

结合马尔可夫链和《叶甫盖尼·奥涅金》中的字母序列的概率规律，可以通过概率的方法初步判断在给定的文本中，某个单词或字母出现的概率。只要研究的统计样本足够多，算力足够强，就可以通过马尔可夫链的概率计算方法预估出下一个可能出现的字母或单词。

马尔可夫模型 λ 可以使用三元组进行描述：

$$\lambda = (S, \pi, A)$$

式中，S 为状态序列中的状态集合；π 为初始概率分布；A 为状态转移概率矩阵。

香农在马尔可夫链的基础上，通过研究得出，语言的统计特性可以被建模，根据该概率模型还可以有效地生成语言。通过大量的实验测试，香农还发现，挖掘更多基于概率的先验知识构建的自然语言处理模型越复杂，生成的语言抗噪声干扰能力越强，且越接近真实的自然语言。比如，给自然语言处理机器"喂入"大量的英文文本，自然语言处理机器可以从大量的文本中学习得到不同字母出现的统计概率、不同单词出现的统计概率、不同字母之间的概率转移矩阵和不同单词之间的概率转移矩阵。然后增加一些语法规则（比如句子的首字母要大写、人名和地名的首字母要大写等），基于这些概率模型和规则就可以有效地构建更复杂的自然语言处理模型。该模型生成的语言有可能比较接近于真实的英语。

在香农所处的时代，算力十分有限，香农无法给机器"喂入"海量的英文文本。香农能做的就是在有限的小数据范围内进行实验。尽管如此，香农提出的观点却具有前瞻性，为之后的学者打开了通过概率建模生成语言的思路。

1959 年，Woodrow Wilson Bledsoe 等人建立的早期文本识别系统，也受到香农提出的概率方法的影响，通过使用朴素贝叶斯概率模型，将字母序列中所包含的每个字母的概率相乘，得到字母序列的概率，从而对单词和文本进行有效识别。

2. 基于规则的形式语言理论期（1957—1970 年）

1957 年，诺姆·乔姆斯基在有限自动机理论的基础上提出了形式语言理论，这一年注定会被载入自然语言处理的史册。形式语言理论的重要基础是有限状态语言模型。

有限状态语言模型按照线性顺序选择语言的基本组成部分（比如，主谓宾）生成句子，先选择的组成部分会制约后选择的组成部分，这种制约关系就是规则和约束。诺姆·乔姆斯基认为：语言就是由有限自动机产生的符号序列组成的，语法是研究具体语言里用以构造句子的原则和加工过程[1]，它应该能生产出所有合乎语法的句子。

按照诺姆·乔姆斯基的观点，语言的基本组成部分是符号，一系列符号的序列遵循特定的语法结构从而形成了句子，句子遵循某种句法结构从而形成了语言。

此外，诺姆·乔姆斯基发布了 4 种形式的语言模型：正则语言模型、上下文无关语言模型、上下文相关语言模型与递归可枚举语言模型。下面举一个例子让大家更形象地理解形式语言理论。以上下文无关语言的表示为例，假设句法遵循主谓宾结构。

```
S1: {
Sentence -> S V O;
S -> 张三 | 小猫;
V -> 吃 | 做;
O -> 萝卜 | 鱼 | 作业 | 手工
}
```

---

[1] 诺姆·乔姆斯基. 句法结构.2 版. 陈满华，译. 北京：商务印书馆，2022.

　　该形式语言描述 S1 可以生成 16 个句子，比如"张三吃萝卜""张三吃鱼""小猫吃萝卜""小猫做作业""小猫做手工"等。但是在生成的 16 个句子中，有部分句子不符合大自然的客观规律，比如"小猫做作业"和"小猫做手工"等。

　　要优化 S1 生成规则，可以考虑给 S1 增加一些约束规则，生成类似于 S2 的形式语言描述，S2 的具体表示如下：

```
S2: {
Sentence -> S V O;
S -> 张三 | 小猫;
V -> 吃 | 做;
O -> 萝卜 | 鱼 | 作业 | 手工;
吃 O -> 吃 萝卜 | 吃 鱼;
张三 做 O -> 张三 做 作业 | 张三 做 手工
}
```

　　与 S1 可以生成 16 个句子相比，S2 总共只能生成 6 个句子。但是我们发现，在添加了约束规则后，S2 生成的句子更符合逻辑，不再出现类似于"小猫做萝卜""小猫做作业""小猫做手工"等不符合逻辑的语句。

　　对比 S1 和 S2 这两个语言描述，我们还可以发现，在增加约束规则后，S2 变为上下文相关语言描述。如何理解上下文无关语言描述和上下文相关语言描述的差别呢？

　　在 S1 中，S、V、O 之间是相互独立的，不存在相互依赖的关系，这就是上下文无关的意思。而在 S2 中，部分规则存在依赖关系，比如吃这个动作对应的短语只能是"吃萝卜"或"吃鱼"，这就是上下文相关的意思。

　　我们认为，形式语言理论的提出，开启了学术界对自然语言结构的研究、建模和解析，从而为基于结构与规则的文本识别、生成和翻译开辟了一条康庄大道。在此之后，全球文本识别、生成和翻译的系统如雨后春笋般涌现。

　　基于形式语言模型，中国著名计算语言专家冯志伟在 20 世纪 80 年代发布了多叉多标记树形图模型，这是一个基于短语的机器翻译模型。在此模型的基础上，冯志伟人工设置了数万条语法和句法规则，研发了全球首款将中文翻译成外语（英语、法语、德语、日语和俄语）的 FAJRA（FAJRA 是"法语-英语-日语-俄语-德语"的法语首字母缩写）系统。如果输入为常用的且规范的中文表达，FAJRA 系统翻译的准确率就比较高（90%以上）。但是如果扩大中文输入的范围和自由度，FAJRA 系统翻译的准确率就大大降低（70%左右）。这也间接说明，单纯采用基于规则的形式语言方法，会遇到明显的精度瓶颈，还需要结合其他自然语言处理的方法才有可能克服难点，突破瓶颈，取得更好的效果。

3. 基于规则、概率模型和语料库的融合期（1971—1995 年）

自然语言处理经历了 20 世纪 40 年代和 50 年代的摸索，在 20 世纪 70 年代中期开始飞速发展，其中隐马尔可夫模型（Hidden Markov Model，HMM）的诞生绝对是一个里程碑式的重大进展，其大大地推进了自然语言处理的发展进程，比如 19 世纪 80 年代享誉全球的基于 GMM-HMM 的语音识别框架，就是 HMM 经典的应用。

1967 年，Leonard Esau Baum 等人在论文 "An Inequality with Applications to Statistical Estimation for Probabilistic Functions of Markov Processes and to a Model for Ecology" 中首次发布 HMM。在很多应用场景中，我们只知道不同状态转移的概率矩阵，而不知道具体的状态序列，换句话说模型的状态转移过程和状态序列是隐蔽的、不可观察的，而可观察事件的随机过程是不可观察的状态转移过程的随机函数。映射到实际应用中，相当于通过观察事件的随机过程去推测状态序列。在自然语言处理中，有许多任务可以转化为"将输入的语言序列转化为标注序列"来解决问题，比如实体识别、词性标注等。

隐马尔可夫模型 λ 的组成可以用五元组进行描述：

$$\lambda = (S, O, \pi, A, B)$$

式中，S 为状态序列中的状态集合；O 为每个状态可能的观察值；π 为初始概率分布；A 为状态转移概率矩阵；B 为给定状态下观察值的概率分布，也称为生成概率矩阵。

下面以词性标注为例，介绍隐马尔可夫模型的应用。为了简单，假设 S 只有两个词性状态，分别为 N（名词）和 V（动词），已知观察序列如下：

输入：Cats like fish

输出：N　V　N

在这个实例里，观察序列为输入的语句"Cats like fish"，隐含的状态序列为"NVN"，其隐马尔可夫模型如图 2-4 所示。

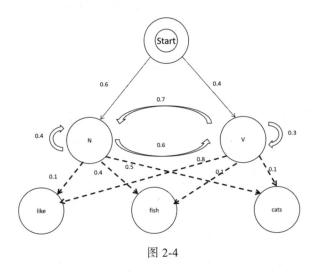

图 2-4

在图 2-4 中，Start 为初始状态。由图 2-4 可以得出该词性标注的基础参数，比如 π、A 和 B，现在需要计算最有可能的词性序列，这属于隐马尔可夫模型的解码/预测问题。事实上，围绕着隐马尔可夫模型通常可以有效地解决以下 3 类问题。

（1）模型评估问题（概率计算问题）。给定隐马尔可夫模型 λ，计算某一观测序列 O_i（比如"Cats like fish"）的概率 $P(O_i|\lambda)$。

（2）解码问题（预测问题）。给定隐马尔可夫模型 λ 和某一观测序列 O_i（比如"Cats like fish"），计算最有可能输出的状态序列的概率 $P(S_i|\lambda,O_i)$ 及对应的状态序列。

（3）参数估计问题（属于非监督学习算法）。给定足够的观测序列集，估计模型的所有参数。

由于篇幅问题，我们不着重讨论上述 3 个问题的解法，有兴趣的读者可以关注 Viterbi 算法。本章的重点是展示隐马尔可夫模型对自然语言处理发展的巨大推动作用。

从隐马尔可夫模型的特点中可以看出，该模型有助于解决自然语言处理中的诸多问题，比如实体识别、词性标注、分词、语音识别、机器翻译等，所以我们认为隐马尔可夫模型的发布是自然语言处理发展的一个重要的里程碑。

另一个重要的里程碑是语料库的引入。1993 年 7 月，在日本神户召开的第四届机器翻译高层会议上，英国学者哈钦斯指出，自 1989 年以来，行业流行在基于规则的技术中引入概率方法和数据驱动的语料库构建语言知识库，这种建立在大规模真实文本处理基础上的自然语言处理方法，带来了一次机器翻译研究史上的革命。

因为语料库是大规模的真实文本，所以可以从中获取更完善的统计语言知识。但是这种统计方法存在一些问题，尤其是在知识较少的场景中，自然语言处理的准确率会显著下降。解决该问题可能有以下两个思路：

（1）需要更完善和高质量的语料库。
（2）增加一些短语结构和句法的知识与规则。

把上述两者结合起来，往往能获得更好的效果，这就是我们提到的融合方法。

中国著名计算语言专家冯志伟于 2017 年在公开演讲时说道："语言知识究竟在哪里？语言知识固然存在于语法书里，存在于各种类型的词典里，存在于语言学论文里，但是，更全面的、更客观的语言知识应当存在于大规模的真实文本语料库里，语料库是语言知识最可靠的来源。"由此可见，语料库对自然语言处理发展的推动作用巨大。

总之，融合方法大大地提高了自然语言处理的准确率和精度，也大大地提高了自然语言处理的抗噪性和鲁棒性，从而让自然语言处理的发展开始真正走上快车道，一个个实用的自然语言处理产品开始涌现。

20 世纪 90 年代，基于规则、概率模型和语料库的融合方法已经渗透到自然语言处理（如机器翻译、文本分类、信息检索、问答系统、信息抽取、语言知识挖掘等）的应用系统中，逐渐成为自然语言处理研究的主流和标配。

4. 浅层机器学习期（1996—2005 年）

使用基于规则、概率模型和语料库的融合方法后（后面统称为传统的融合方法），尽管在很多应用场景下自然语言处理的准确率大幅提高，但是仍存在一些难以解决的难题，最典型的有对语义的理解和处理。换句话说，传统的融合方法更多的是依赖构建好的先验知识库，缺少学习能力，导致自然语言处理的泛化能力不强，这进一步影响了自然语言处理的准确率。

浅层机器学习算法正好可以部分弥补传统的融合方法的不足，展现一定的学习和推理能力，这有助于提高自然语言处理的综合能力，比如优化文本分类、消除歧义、增强语义分析、强化情感分析等。

最早应用在自然语言处理中的浅层机器学习模型是朴素贝叶斯模型，该模型同时也可以被看作基于概率的统计模型。随着基于概率的方法兴起，该模型曾风靡一时。比如，1959 年，Woodrow Wilson Bledsoe 等人使用朴素贝叶斯模型建立了早期的文本识别系统。1961 年，M. E. Maron 发表了论文 "Automatic Indexing: An Experimental Inquiry"，首次将朴素贝叶斯模型用于文本分类。

朴素贝叶斯模型的主要优点如下：模型简单、稳定、高效，并且对小规模的数据表现很好，常被应用到文本分类、增量学习等场景中。但是朴素贝叶斯模型也存在明显的局限性，比如样本独立性假设与许多场景不匹配、难以计算出先验概率、模型的准确率不高等，这大大地限制了朴素贝叶斯模型的发展。

为了进一步提高自然语言处理的性能，随后更多的浅层机器学习算法开始涌现，比如 K 近邻算法、逻辑回归模型、决策树模型、随机森林算法、支持向量机、提升树算法等，并被广泛地应用到自然语言处理任务中。与传统的融合方法相比，浅层机器学习算法能够有效地应用于分类、聚类、预测等数据挖掘任务中，且运算效率较高，算法在准确性和稳定性方面也有了明显提高。

此外，很多浅层机器学习算法（比如线性回归模型、决策树模型）还有很好的可解释性，使得其在多个领域（金融领域、电信领域、电商领域等）中有很深入的应用，也有效地推动了数据智能的发展，大幅度提高了企业的商业价值。

特别值得强调的是，在众多浅层机器学习算法中，提升树算法（比如GBDT、XGBoost、LightGBM 等）的提出大幅度提高了模型的效果，而且几乎适用于所有场景，在当时几乎成为所有数据挖掘和机器学习应用的标配。

然而，在使用浅层机器学习算法解决实际问题的时候也遇到了一些痛点。比如，耗时费力的特征工程、大量的数据标注、模型挖掘的信息含量与人工投入的时间成正比、数据的非线性关系挖掘有限、输入数据以结构化数据为主、模型的推理能力和泛化能力有限等。深度学习算法的提出在一定程度上解决了上述问题，进一步提高了自然语言处理的推理能力、泛化能力和建模效率。

值得强调的是，深度学习算法之所以能够快速地落地产生商业价值，也与算力的提高和数据大爆炸紧密相关。一般而言，深度学习的计算复杂度要远远高于浅层机器学习，需要强大的算力才能有效地支撑模型的计算和应用。更多的数据、更强大的算力，使得更复杂的计算和建模成为现实，也为深度学习的应用打下了坚实的基础。所以，从某种角度来看，大算力是深度学习高速发展的重要基础。

5. 深度学习期（2006—2017 年）

2003 年，Yoshua Bengio 等人在论文 "A Neural Probabilistic Language Model" 中提出了神经网络语言模型（ Neural Network Language Model，NNLM ），但受限于训练和实现的难度，该模型当时只停留在理论层面，并没有引起行业广泛的关注。直到 2006 年，深度学习教父级人物 Geoffrey Hinton 和 Ruslan

Salakhutdinov 发表了具有重大里程碑意义的一篇论文"Reducing the Dimensionality of Data with Neural Networks",从此掀起了深度学习在自然语言处理领域飞速发展的浪潮。Geoffrey Hinton 和 Ruslan Salakhutdinov 主要提出了以下 3 个观点:第一个是多层神经网络能够挖掘更多隐含信息。第二个是多层神经网络能够有效地实现特征工程的自动化。第三个是可以通过逐层初始化的预训练方式解决多层神经网络训练的难题,相当于解决了 Yoshua Bengio 关于神经网络语言模型训练的问题。这 3 个观点有助于解决浅层机器学习面临的部分痛点,对学术界和工业界而言具有划时代的意义。

另外,自然语言处理还有一个里程碑式的进展是词向量技术和表征方法的提出。在词向量技术诞生之前,自然语言文本在很多实际应用场景中存在高维和稀疏的特征问题,这影响了文本识别的准确率和精度。简单来说,词向量技术就是一种特殊的特征提取技术,即将词从稀疏空间(传统独热编码处理的结果)通过隐藏层投影到低维度的稠密向量空间中,语义相近的词在较低维向量空间中距离也相近,不仅有效地解决了矩阵稀疏问题,还实现了特征的自动提取。总之,词向量技术将自然语言处理向前推进了一大步。

2008 年,Ronan Collobert 等人在论文"A Unified Architecture for Natural Language Processing: Deep Neural Networks with Multitask Learning"中提出了将词向量作为深层神经网络的目标任务,打开了词向量表征技术的大门。2013 年,Tomas Mikolov 等人在论文"Efficient Estimation of Word Representations in Vector Space"中提出了比较经典的 Word2vec 词向量表征方法,该方法包含两种词向量表征模型,分别是连续词袋模型 CBOW(通过目标词上下文的词预测目标词)和 Skip-gram(通过目标词预测其附近的词)。随后,在自然语言处理领域中,学者们又陆续提出了其他经典的词向量表征模型,比如 Glove 和 ELMo。

随着卷积神经网络(Convolutional Neural Networks,CNN)在图像处理领域中大放光彩,其开始被广泛地应用到自然语言处理的各个任务中(比如文本分类、语义理解、文本生成、机器翻译等),并且效果十分显著。

CNN 有一个明显的缺陷，即缺少记忆能力，而自然语言序列常常具有时序性和长程性，在自然语言处理时需要能记忆之前输入的信息。基于此痛点，学者提出了循环神经网络（Recurrent Neural Networks，RNN）。RNN 由于具有记忆能力，被广泛地应用到语言建模、聊天机器人、机器翻译、语音识别等自然语言处理任务中。

RNN 在面对长序列数据时，存在梯度消失的缺陷，这使得 RNN 对长期记忆不敏感，容易丢失长期的记忆。换句话说，RNN 在面对长序列数据的时候，仅可获取较近的文本序列信息，而无法获得较早的文本序列信息。为了解决该痛点，RNN 的优化变种算法长短时记忆（Long Short Term Memory，LSTM）网络和基于门机制的循环单元（Gate Recurrent Unit，GRU）被提出。

LSTM 网络和 GRU 通过加入门反馈机制有效地解决了 RNN 的梯度消失的缺陷。LSTM 网络加入了 3 个门，分别是输入门、遗忘门和输出门，而 GRU 引入了两个门，分别是重置门和更新门。对比 LSTM 网络和 GRU，整体而言，LSTM 网络有更多的参数需要训练和学习，因此收敛更慢，效率更低。换句话说，GRU 为了运算效率牺牲了部分精度。

类 RNN 算法需要按照时序输入，难以实现并行计算，因此整体的编码效率低下。基于该痛点，2017 年，Ashish Vaswani 等人在论文 "Attention is All You Need" 中提出了 Transformer 模型，该模型的核心是采用自注意力机制。与 RNN 相比，Transformer 模型通过自注意力机制挖掘各类特征，并能有效地记忆历史信息，而且支持并行运算。因此，Transformer 模型被广泛地应用到自然语言处理的各个复杂任务中，并且取得了比较好的应用效果。

6. 预训练语言模型期（2018—2021 年）

预训练语言模型到底解决了哪些问题？熟悉机器学习的读者都知道，要想让模型的效果好，就需要大量标注好的训练数据和测试数据。而在现实生活中，与海量的未标注数据相比，标注好的高质量数据如同沧海一粟。此外，标注大量的数据存在耗时长、成本高的问题。要解决该问题，并且让模型更充分地利用海量的未标注数据，预训练的方法应运而生。

"预训练"一般是将大量用低成本收集的训练数据放在一起，经过某种预训练方法去学习其中的共性，然后将其中的共性"移植"到执行特定任务的模型中，再使用特定领域的少量标注数据进行"微调"。这样，模型只需要从"共性"出发，去"学习"该特定任务的"特殊"部分即可。

预训练其实就是将学习任务进行分解，首先学习数据量更庞大的共性知识，然后逐步学习垂直领域的专业知识。比如，想让一个不懂中文的机器人成为中文法律专家，因为法律领域的标注数据比较少，所以可以考虑将该任务进行分解：

第一步，先让机器人学习中文，达到能够熟读和理解中文的水平。中文方面的标注数据量很大，而且中文各类知识的数据量也十分庞大，数据来源十分丰富，这有助于让机器人学到充分的知识。

第二步，让机器人学习法律领域的专业知识。通过学习到的共性知识，结合法律领域的专业知识，可以大大地提高学习的效率和效果。当然，也可以进一步对第二步的任务做分解，先学习法律行业的共性知识，然后学习更垂直领域的专业知识，这样也能提高学习的效果。

设想一下，如果直接让机器人从 0 到 1 学习中文法律知识，受到语料库有限、文本库和标注数据缺乏等因素的影响，那么机器人的学习效果和效率大概率达不到预期。

我们认为，预训练语言模型的诞生是自然语言处理行业的一个里程碑。预训练机制大大地降低了自然语言处理的门槛，让创业公司能轻轻松松地在预训练语言模型的基础上进行优化，并在各个垂直领域的应用中获得良好的效果。这极大地推动了自然语言处理在各行各业中的快速应用和赋能，也为 AI 快速"飞入寻常百姓家"立下汗马功劳。

2018 年，Jacob Devlin 等人在论文"BERT: Pre-training of Deep Bidirectional

Transformers for Language Understanding"中提出了 BERT 模型。根据该论文展示的测试效果，其在多个自然语言理解任务中的表现均刷新了当时的纪录，一时间成为最热门的模型。

值得肯定的是，在那个时代，众多学者各展所长，通过提出建设性的优化方法不断优化自然语言处理模型的效果。在同一时期，比较有代表性的知名预训练语言模型还有 GPT、XLNet、MPNet 和 ERNIE。以 XLNet 为例，Zhilin Yang 等人发表论文"XLNet: Generalized Autoregressive Pretraining for Language Understanding"，在 BERT 模型的基础上提出了许多优化举措，也让部分任务的效果有所提高，具体优化举措包含采用自回归模型替代自编码模型，提出双向注意力机制和借鉴 Transformer-XL 模式。

值得注意的是，OpenAI 的 GPT 的推出时间比 BERT 模型更早，两者的主要差别是 BERT 模型采用的是双向 Transformer 的编码器（Encoder），能获取上下文信息，适合做自然语言理解，而 GPT 采用的是单向 Transformer 的解码器（Decoder），更适合自然语言生成的应用场景。而其他的预训练语言模型主要在 BERT 模型或 GPT 这两个预训练范式基础上进行优化，而且主要在方法论上进行优化，而非单纯地增加模型的参数和复杂度。

从整体而言，上述预训练语言模型的参数基本上都为 4 亿个以下，因此在上述预训练语言模型基础上做垂直任务的优化成本可控，即使小的创业公司也能负担得起，这就是预训练语言模型在各行各业中能够快速落地的重要原因之一。

7. 大模型期（2022 年一）

2022 年 11 月，OpenAI 发布了 ChatGPT。优异的自然语言生成和推理性能使其迅速火遍全球。在短短的 2 个月内，ChatGPT 的活跃用户超过 1 亿人，同时掀起了 AGI 新一轮发展的热潮。

与传统的几亿个参数的预训练语言模型相比，ChatGPT 的参数量高达 1750

亿个,是名副其实的 LLM。ChatGPT 在很多自然语言处理任务中表现出优秀的能力,比如聊天、机器翻译、文案撰写、代码撰写等。

尽管大模型目前在自然语言生成方面展现出了十分优秀的推理能力、问答能力和泛化能力,但是其智能距离 AGI 还有较大差距,前路仍然漫漫。我们大胆预测,LLM 技术只是迈向 AGI 征途的"过客",或者是一个很重要的技术手段。预计未来随着算力和计算效率的提高,AGI 技术肯定也是复杂的大模型,其模型参数大概率要比现在的 GPT-4 还要多。

如果与算力相关的技术能快速发展,使得算力的性价比大幅提高,就能降低中小公司的建模和应用门槛,让大部分中小公司能负担得起高额的建模和微调支出,这会加快 GPT-4 的应用节奏,真正让其发展走上快车道。

从严格意义上来说,随着 GPT-4 的推出,AI 已经进入多模态大模型时代,如图 2-5 所示。我们认为单模态大模型 ChatGPT 只是过渡产品,其高光时刻会停留在 2022 年,大模型的未来属于多模态大模型。从性能上也可以看出,GPT-4 的效果和使用体验要远远优于 ChatGPT。换句话说,GPT-4 完全可以代替 ChatGPT,但是 ChatGPT 无法代替 GPT-4。

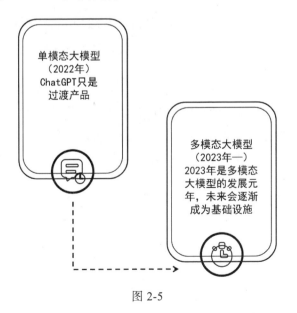

图 2-5

多模态大模型将引起各行各业的范式革命，AI 将成为各行各业的基础设施，驱动各个领域的数智化转型和商业价值的大幅度提高。2023 年将是多模态大模型元年，未来 3 ~ 5 年将是多模态大模型的高速发展期。

尽管我们认为与 GPT-4 相比，单模态大模型 ChatGPT 只是过渡产品，但这并不意味着 LLM 没有发展的必要。多模态大模型最主要的两个模态是自然语言和图像信息，这两个模态的发展至关重要，能为多模态大模型提供强大的支持。

2.2　从BERT模型到ChatGPT

回想前几年在 BERT 模型流行的小模型时代，大概两台低显存的 GPU（图形处理器）服务器就可以完成大部分模型的训练。如果模型的构建者了解 BERT 算法原理，那么整个模型的训练和优化过程将十分透明，模型的构建者也觉得靠谱。这种"可信"和"透明"的行为实现了"让 AI 飞入寻常百姓家"，让中小公司也能在某个垂直领域轻松玩转 AI。

在大模型时代，如果要从 0 到 1 训练模型，那么对算力和财力的要求很高，动辄就要花费上千万元，中小公司确实难以承受如此庞大的支出，对大模型从 0 到 1 训练显得不太切合实际。

即使微调，两台低显存的 GPU 服务器也只能使用几十亿个参数的模型作为底座模型。如果要使用千亿个级参数的模型做底座模型进行微调，那么至少需要数十台高显存（一般大于 16GB）的 GPU 服务器，这也是一笔巨大的花费。

此外，大模型微调对于算法工程师来说其实就是对"一个黑箱"进行操作，给这个黑箱"喂入"一些数据，效果怎么样只能依靠反复测试。如果没有足够的算力支持，那么微调一次十分耗时。在微调过程中，算法工程师能做的工作十分有限。

从结果上来看，ChatGPT 在文本生成和推理等任务中的效果确实比 BERT 模型明显提高，在本章后面的内容中会详细介绍。随之带来的后果就是中小公司开始逐渐玩不起 AI 了。因此，我们不禁要问：为什么 ChatGPT 能火得一塌糊涂？为什么 ChatGPT 需要如此庞大的参数量？BERT 模型和 ChatGPT 的差距很大吗？具体差别是什么？

2.3　BERT模型到底解决了哪些问题

BERT 模型由谷歌于 2018 年发布。其主要创新点在于提出了预训练的思想，并且使用 Transformer 的编码器作为模型的基础架构。

在 BERT 模型提出之前，其实 OpenAI 已经发布了 GPT-1。从 BERT 模型提出者 Jacob Devlin 等人发表的论文 "BERT: Pre-training of Deep Bidirectional Transformers for Language Understanding" 中可以发现，他们已经关注了 GPT-1 的系统架构。他们在论文中写道，除了注意力机制的遮挡窗口不同，BERT 模型和 GPT-1 的基础架构几乎是一样的。这间接说明，BERT 模型和 GPT-1 存在比较深的渊源。我们知道，GPT-1 采用了谷歌提出的 Transformer 和自注意力的思想。

接下来，我们再详细研究一下 BERT 模型到底解决了哪些问题，使其能够一鸣惊人，被学术界和产业界广为采用。更早诞生的 GPT-1 为什么没能激起浪花？基于这些问题，我们推测背后深层次的原因可能是模型在解决实际问题时展现的效果差异。

在下面 10 个自然语言处理任务中对 BERT 模型做了详尽的数据测试，并与 GPT-1 做了效果对比，下面分别介绍。

1. 语法对错二分类

该任务主要使用的是 CoLA（The Corpus of Linguistic Acceptability，语言可接受性语料库）数据集。该数据集一共包含 10 657 个句子，来源于 23 个语言学出版物。该数据集的标注者按照语法的对错进行了标注，如果语法是正确的，那么标注为 1，否则标注为 0。

该数据集主要包含 4 列，分别为句子来源、语法是否正确、是否该数据集的标注者标注（若是该数据集的标注者标注的，则标注为*，否则标注为空）和句子。实例节选如表 2-1 所示。

表 2-1

句子来源	语法是否正确	是否该数据集的标注者标注	句子
clc95	0	*	In which way is Sandy very anxious to see if the students will be able to solve the homework problem?
c-05	1		The book was written by John.
gj04	1		The building is tall and wide.
gj04	0	*	The building is tall and tall.

对于该数据集中的很多句子，非英语专业的大学生可能都不一定能发现语法错误，但是从语言学严谨性的角度考虑，有些句子确实是存在语法错误的。

BERT 模型能够高精度判别这些句子是否有语法错误。因此，BERT 模型其实在语法错误判别上，可能比大部分大学生还要强。

2. 电影评论情感分析

该任务使用的是 SST-2（Stanford Sentiment Treebank，斯坦福情绪树）数据集。该数据集摘取了 11 855 条电影评论，从中生成了 239 231 个短语。该数据集的标注者对这些评论标注了区间在[0,1]之间的评分用于情感分析，评分越高，代表评论越正面，反之，则代表评论越负面。实例节选如表 2-2 所示。

表 2-2

评论	情感评分
Assured , glossy and shot through with brittle desperation.	0.763 89
It's a big time stinker .	0.111 11
At best this is a film for the under-7 crowd . But it would be better to wait for the video . And a very rainy day .	0.277 78
The turntable is now outselling the electric guitar ...	0.5
comes from the heart.	0.75

情感分析是自然语言处理的重要能力，对于人类来说只要能正确理解评论的意思，是很容易进行情感判断的。对于机器人来说，情感分析确实是一项重大挑战。

3. 语义相近判断

该任务使用的是 MRPC（Microsoft Research Paraphrase Corpus，微软研究语义解释语料库）数据集。该数据集包含了从网络新闻中提取的 5800 个句子对。该数据集的标注者对句子对是否语义相近进行人工标注，如果同一个句子对中的两个句子语义相近，那么标注为 1，否则标注为 0。

举个例子，下面两个句子被标记为语义相近，因此标注为 1。

句子 1：Amrozi accused his brother, whom he called "the witness", of deliberately distorting his evidence.

句子 2：Referring to him as only "the witness", Amrozi accused his brother of deliberately distorting his evidence.

再举个例子，下面两个句子被标记为语义不相近，因此标注为 0。

句子 1：A BMI of 25 or above is considered overweight; 30 or above is considered obese.

句子 2：A BMI between 18.5 and 24.9 is considered normal, over 25 is considered overweight and 30 or greater is defined as obese.

4. 语义相近评分

该任务使用的是 STS-B（Semantic Textual Similarity Benchmark，语义文本相似度基准）数据集。该数据集收集了来自图片注释、新闻头条、社区论坛等不同来源的 8628 个句子对。该数据集的标注者对每对句子的语义相近程度进行打分，赋分为 1 分到 5 分，分数越高，表示语义越相近。

举个例子，下面两个句子的语义相近程度被标记为 5 分。

句子 1：Neither was there a qualified majority within this House to revert to Article 272.

句子 2：There was not a majority voting in Parliament to go back to Article 272.

再举个例子，下面两个句子的语义相近程度被标记为 1 分。

句子 1：The man played follow the leader on the grass.

句子 2：The rhino grazed on the grass.

5. 问题对语义相近

该任务使用的是 QQP（Quora Question Pairs，问答对）数据集。该数据集收集了 Quora 网站上的各种问题对。该数据集的标注者对两个问题是否在语义上相近进行了标注，若语义相近则标注为 1，否则标注为 0。与 MRPC 数据集的差异点在于，QQP 数据集重点针对问题对，判断问题对的语义是否相近。

6. 句子对关系判断

该任务使用的是 SNLI（The Stanford Natural Language Inference，斯坦福自然语言推理）数据集，该数据集包含大概 570 000 万个句子对。每个句子对的第一个句子是前提，第二个句子是推断。

同时，该数据集还包含对句子对之间的关系的标注结果，主要包含 3 类关系，分别是蕴含（entailment）、相互矛盾（contradiction）和无关（neutral）。

用于处理相近任务的数据集还有 MNLI（The Multi-genre Natural Language Inference，多类型自然语言推理）和 RTE（Recognizing Textual Entailment，识别语义蕴含）数据集。

举个例子，下面两个句子的关系是蕴含。

前提：A soccer game with multiple males playing.
推断：Some men are playing a sport.

再举个例子，下面两个句子的关系是相互矛盾。

前提：A man inspects the uniform of a figure in some East Asian country.
推断：The man is sleeping.

7. 问答

该任务使用的是 QNLI（Qusetion-answering Natural Language Inference，问答自然语言推理）数据集。该数据集主要用于处理自然语言推理任务。

每个测试任务都包含一个问题和一个语句，模型需要判断两者之间是否存在蕴含关系，若蕴含则标注为 1，若不蕴含则标注为 0。

8. 实体识别问题

该任务采用的是 NER（Named Entity Recognition，命名实体识别）数据集。该数据集包含 20 万个单词并且每个单词都被标注为四类实体之一，分别是 Person（人）、Organization（组织）、Location（方位）、Miscellaneous（各式各样的其他实体），整个任务是一个四分类任务。

9. 阅读理解

该任务使用的是 SQuAD（The Stanford Question Answering Dataset，斯坦福问答数据集）。该数据集是一个阅读理解数据集，由维基百科文章上提出的各类问题、包含问题答案的一段文字描述和问题的答案组成。该数据集用于处理的任务是预测段落中的答案文本范围或者得出 "No Answer"（找不到答案）的结果。目前该数据集最新的版本是 SQuAD2.0。下面举例说明。

文字描述：Computational complexity theory is a branch of the theory of computation in theoretical computer science that focuses on classifying computational problems according to their inherent difficulty, and relating those classes to each other. A computational problem is understood to be a task that is in principle amenable to being solved by a computer, which is equivalent to stating that the problem may be solved by mechanical application of mathematical steps, such as an algorithm.

问题 1：What branch of theoretical computer science deals with broadly classifying computational problems by difficulty and class of relationship?

回答：computational problems

问题 2：What branch of theoretical computer class deals with broadly classifying computational problems by difficulty and class of relationship?

回答：<No Answer>

10. 完形填空

该任务使用的是 SWAG（Situations With Adversarial Generations，对抗生成的情境）数据集。该数据集包含 113 000 个完形填空的句子，每个句子里都有部分词语是空缺的。该数据集用于处理的任务是对词语进行补全。

从 Jacob Devlin 等人的研究成果中可以发现（如表 2-3 所示），从准确性角度来看，不同的模型使用 MNLI、QQP、QNLI、SST-2、CoLA、STS-B、MRPC 和 RTE 8 个数据集处理任务的综合测试效果显示[1]，BERT 模型（12 层神经网络、1.1 亿个参数）的效果比 GPT 的效果提高了约 6%，而 BERT 大模型（24 层神经网络、3.4 亿个参数）的效果提高了约 9.3%。此外，BERT 模型在上述 8 个任务中的效果也要显著优于更早诞生的 OpenAI 的 GPT-1 的效果。

表 2-3

模型	使用 MNLI、QQP、QNLI、SST-2、CoLA、STS-B、MRPC 和 RTE 数据集的平均测试效果	使用 QQP 数据集的测试效果	使用 CoLA 数据集的测试效果	使用 RTE 数据集的测试效果
GPT	75.1	70.3	45.4	56.0
BERT 模型	79.6	71.2	52.1	66.4
BERT 大模型	82.1	72.1	60.5	70.1

目前很多知名模型使用 CoLA 数据集处理语法对错二分类任务，使用 QQP 数据集处理问题对语义相近任务，使用 RTE 数据集处理语义理解任务的效果比较差。即使是 BERT 模型，在使用这几个数据集处理相关任务时也差强人意，这说明在 BERT 模型诞生之时（2018 年），自然语言理解还未能较好地解决语法正确判断和复杂语义理解问题。

下面继续看一看 BERT 大模型在另外两个自然语言理解领域比较高阶、比较难的任务中的表现。表 2-4 和 2-5 分别为 BERT 大模型使用 SQuAD 和 SWAG 数据集处理任务的测试效果。

表 2-4

模型	EM（完全匹配）评分	F1 评分
Human（人类）	86.9	89.5
BERT 大模型（Single）	80.0	83.1

表 2-5

模型	Accuracy（准确率）评分
Human	85.0
BERT 大模型	86.3

[1] 使用数据集的测试效果用 0～100 表示。0 表示效果最差，100 表示效果最好。

从表 2-4 中可知，BERT 大模型在阅读理解任务中的表现十分优秀。尽管其和人类的理解能力还存在一定的差距，但是差距不太大。

从表 2-5 中可知，BERT 大模型在完形填空任务中的表现略好于人类。

综上所述，尽管 BERT 模型的整体表现确实比较优秀，但是在某些任务中的表现差强人意，比如语法对错二分类任务、问题对语义相近任务。另外，BERT 大模型在阅读理解上的表现和人类也有一定的差距。BERT 模型的上述能力缺陷，成为其他模型重点突破的方向，也为 ChatGPT 提供了研究方向。

此外，随着 BERT 模型的成功，行业学者和专家们也总结出提高自然语言处理效果的 3 个方向，这 3 个方向也为后续其他性能更优秀的模型（比如 ChatGPT）的研发指明了方向。

（1）BERT 大模型的效果显著优于 BERT 模型的效果，因此增加深度学习的层数，增加参数量成为行业优化的一个方向。

（2）预训练模型和微调机制的结合也成为优化自然语言处理效果的一个方向。

（3）多任务学习也成为一个重要的方向，有助于数据相互挖掘，从而带来模型效果的提高。

2.4 BERT模型诞生之后行业持续摸索

BERT 模型在诞生后，由于优秀的性能和开源的特性，其很快被应用到各行各业和各类自然语言处理任务中，比如智能客服、语音质检、对话机器人和搜索引擎等，产生了巨大的商业价值，一度激发了行业对 AI 的热情。

随着应用的日渐深入，行业对自然语言理解系统的期望日益提高，BERT 模型的应用开始陷入困境，比如 2.3 节提到 BERT 模型在处理多个任务时存在性能问题，而且本身存在一些缺陷（比如 BERT 模型的双向 Transformer 结构并没有消除自编码模型的约束问题）。此外，BERT 这类自动编码模型由于训练阶段和微调阶段不一致，导致在自然语言生成任务中性能不尽如人意。

虽然研究者对 BERT 模型一直优化，但是未取得飞跃式的进展。这让很多从业者再次进入了困顿期，对 AI 的信心开始逐渐减弱，觉得现阶段 AI 距离 AGI 的路还很长。

OpenAI 的学者们也看到了 BERT 模型的问题，同时借鉴了行业新提出的一些研究方法和结论，坚持对 GPT 进行持续优化，一直努力朝着 AGI 的方向前行。有了发展目标、巨人的肩膀、数据、资金、人才，剩下的就交给时间了。从 2018 年到 2022 年，在自然语言处理领域涌现了许多卓有成效的研究成果。比如，RoBERTa 模型使用了更大的批处理大小、更多的未标记数据和更大的模型参数量，并添加了长序列训练。在处理文本输入时，与 BERT 模型不同，RoBERTa 模型的分词方式采用了字节对编码（Byte Pair Encoding，BPE）方法，即使输入序列相同，BPE 方法也对每个输入使用不同的掩码序列。

为了实现双向编码，同时获取序列的上下文信息，排列语言模型被提出。排列语言模型源于自回归语言模型。与传统的自回归语言模型不同的是，排列语言模型不再模拟序列次序，而是给出了序列所有可能的排列，以最大化全部排列的期望对数来更新模型的梯度。这样，任何位置的 Token（词根）都可以利用来自所有位置的上下文信息，使排列的语言实现双向编码。最常见的排列语言模型是 XLNet 和 MPNet。

Pual Christiano 等人介绍了基于人工反馈的强化学习机制在自然语言中的应用。John Schulman 等人提出了近端策略优化（Proximal Policy Optimization，PPO）算法，PPO 算法的核心思想是新策略和旧策略不能差别太大，新策略网络需要利用旧策略网络采样的数据集进行学习，否则就会产生偏差。OpenAI 专家 Jan Leike 等人提出了语言对齐机制，并强调按照用户的意图来训练语言模型的重要性。

ZEN 是一种基于 BERT 模型的文本编码器，采用 N-gram 增强了性能，并有效地利用大量细粒度的文本信息，其收敛速度快，性能好。H. Tsai 等人提出了一种用于序列标记任务的面向多语言序列标签模型，其采用知识提炼的方法，以达到在词性标注和复数的形态学属性预测这两项任务中取得更好的性能的目的。

表 2-6 为在 BERT 模型提出之后，ChatGPT 诞生之前，行业提出的一系列自然语言处理模型。整体而言，这些模型主要分为 3 类：第一类是在 BERT 模型的基础上优化的模型，比如 ERNIE、StructBERT 和 ALBERT 等。第二类是以 GPT 为框架优化的模型，比如 GPT-2 和 GPT-3 等。第三类是结合 BERT 模型和 GPT 的优势改良的模型，比如 XLNet 和 BART（Bidirectional and Auto-Regressive Transformers）等。

表 2-6

年份	模型	框架
2019	ERNIE	Transformer Encoder
2019	InfoWord	Transformer Encoder
2019	StructBERT	Transformer Encoder
2019	XLNet	Transformer-XL Encoder
2019	ALBERT	Transformer Encoder
2019	XLM	Transformer Encoder
2019	GPT-2	Transformer Decoder
2019	RoBERTa	Transformer Decoder
2019	Q8BERT	Transformer Encoder
2020	SpanBERT	Transformer Encoder
2020	FastBERT	Transformer Encoder
2020	BART	Transformer
2020	XNLG	Transformer
2020	K-BERT	Transformer Encoder
2020	GPT-3	Transformer Decoder

续表

年份	模型	框架
2020	MPNet	Transformer Encoder
2020	GLM	Transformer Encoder
2020	ZEN	Transformer Encoder
2021	PET	Transformer Encoder
2021	GLaM	Transformer
2021	XLM-E	Transformer
2022	LaMDA	Transformer Decoder
2022	PaLM	Transformer
2022	OPT	Transformer Decoder

因为 BERT 模型在诞生之后一跃成为网红产品，所以行业推出的各类自然语言处理模型中第一类模型的占比最高，其次是第三类模型，第二类模型的占比最低。这说明，在那段时间内，GPT 技术选型还处于非主流状态。另外，当时行业攻坚克难的方向主要放在自然语言处理上，而非自然语言生成上。

2.5　ChatGPT的诞生

站在巨人的肩膀上，再加上 OpenAI 的坚持不懈，从 GPT-1、GPT-2、GPT-3、InstructGPT、GPT3.5 到 ChatGPT，OpenAI 的 GPT 系列终于开始火了。ChatGPT 迅速吸引了全球的目光，瞬间成为全球的热点。

如前面所述，从 2018 年到 2022 年，行业的大部分研究精力都花费在自然语言理解任务和对 BERT 模型的优化上。尽管行业在部分自然语言处理任务的效果上有了微小的提高，但是距离行业的期望和实现 AGI 的路还很遥远。这也说明要解决自然语言处理的关键问题，任重而道远。

与 BERT 模型相比，ChatGPT 在文本生成方面的效果提高十分明显，让行业感知到 ChatGPT 的神奇魅力，其火热程度要远远高于同时期的 BERT 模型。

ChatGPT 诞生之后的几个月，全球一下子涌现了数百个大模型，一时间多个国家、多个企业都开始或者表示即将开始启动大模型建设工作。

大部分人只看到了 ChatGPT 的火爆，却不知道 ChatGPT 到底好在哪里，或者到底比 BERT 模型好在哪里。其实 ChatGPT 和 BERT 模型的目标代表自然语言处理的两个方向：BERT 模型重点关注的是自然语言处理任务，而 ChatGPT 重点突破的是自然语言生成任务。

如何理解这两个任务的差异呢？用一句通俗的语言描述如下：BERT 模型的目标是尝试取代普通的自然语言工作者，而 ChatGPT 的目标是做人类的助手，协助人类解决创意和推理问题，提高人类的能力。

从工程应用角度来看，大家能显著看出达到这两个目标的难度差异，显然 BERT 模型的目标更难达到，而 ChatGPT 做人类助手的目标更容易实现。

2.5.1　InstructGPT 模型的构建流程

在介绍 ChatGPT 之前，先介绍 ChatGPT 的孪生兄弟"InstructGPT"。下面介绍 InstructGPT 模型（简称 InstructGPT）到底在哪些领域的表现超过人们的预期。OpenAI 专家 Long Ouyang 等人在论文"Training Language Models to Follow Instructions with Human Feedback"中表明，模型构建分为以下 3 个步骤。

第一步：微调 GPT-3.0。

按照要求收集并标记演示数据，为监督学习做准备。从流程上，第一步又可以分为以下 3 个步骤。

（1）构建 Prompt 数据集：比如"向小孩解释登月""讲讲白雪公主的故事"等。

（2）对数据集进行标注：主要通过人工进行标注，比如"登月就是去月球"。

（3）使用标注数据集微调 GPT-3：使用监督学习策略对模型进行微调，获得新的模型参数。

第二步：训练奖励模型。

收集训练奖励模型（Reward Model，RM）所需要的比较数据集。标注数据指示对于给定输入用户更偏好哪个输出，依据此进行奖惩，从而训练 RM 来更好地按照人类偏好进行模型输出。

第二步也可以进一步分为以下 3 个步骤：

（1）模型预测：用微调过的 GPT-3 对采样的任务进行预测。

（2）数据标注，获得比较数据集：对模型预测数据结果按照从好到坏的规则进行标注，获得比较数据集。

（3）得到 RM：用比较数据集作为输入数据训练，得到 RM。

第三步：使用 PPO 算法更新模型参数。

通过强化学习手段，使用 PPO 算法优化 RM。使用 RM 的输出作为标量奖励，同时使用 PPO 算法对监督政策进行微调以优化 RM。第三步也可以分为以下 3 个步骤：

（1）使用 PPO 算法预测结果：通过强化学习手段，使用 PPO 算法优化 GPT-3 并构建新的生成函数，然后输入采样的 Prompt 数据集，获得模型输出。

（2）使用 RM 打分：使用第二步训练好的 RM 给模型输出进行打分，获得 Reward（奖励）打分数据。

（3）更新模型参数：根据 Reward 打分数据来更新模型参数。

模型构建的第二步和第三步可以循环操作，只需要收集关于当前最佳策略的更多比较数据集，用于训练新的 RM，然后使用 PPO 算法训练新的策略。

从以上的 InstructGPT 的构建流程和方法介绍中可以看到，InstructGPT 的构建流程相对简单，并没有涉及特别复杂的方法论和技术，也没有涉及很多原创的理论，更多的是站在巨人肩膀上的工程实践方面的创新。

InstructGPT 在 14 个自然语言处理的公开数据集上进行了测试，并分别与 GPT-3.0、微调 GPT-3.0 进行了比较。表 2-7 列出了部分测试结果。从表 2-7 中可以看出，InstructGPT 处理以下任务的效果要显著好于 GPT-3.0，分别是使用 Truthful QA 数据集处理回答真实性判断任务和使用 RTE 数据集处理句子对关系判断任务。

表 2-7

测试数据	测试标准	指令形式	GPT-3.0 的效果（1750 亿个参数）	InstructGPT 的效果（1750 亿个参数）
Truthful QA	True	Instruction	0.570	0.815
RTE	Accuracy	Few-shot	0.614	0.765

2.5.2　ChatGPT 和 InstructGPT 的差异

通过对话形式，ChatGPT 能够回答问题、承认错误、对模糊的需求进行询问、质疑不正确的前提和拒绝不适当的请求等。ChatGPT 是 InstructGPT 的兄弟模型，被训练为在提示中遵循指令并输出反馈结果。

我看到网上有很多文章把 ChatGPT 和 InstructGPT 弄混淆了，使用 InstructGPT 的模型构建原理来介绍 ChatGPT。尽管 ChatGPT 的模型训练流程和 InstructGPT 的模型训练流程基本相同，但是两者存在许多差别，比如 ChatGPT 主要是通过对话型任务的样例进行训练的，而 InstructGPT 是基于指令数据集进行训练的。我们总结了 InstructGPT 和 ChatGPT 的主要差异，如表 2-8 所示。

表 2-8

模型	InstructGPT	ChatGPT
底座模型	GPT-3.0	GPT-3.5
数据集	指令数据集	人工交互标注数据 + 指令数据集，最后转化为对话数据集
应用场景	更适合指令型文本生成任务	更适合对话型文本生成任务
推理能力	中	较强
代码生成能力	弱	较强
泛化能力	中等	较强

两者的底座模型不同，导致两者的性能差异较大，尤其体现在推理能力、代码生成能力、泛化能力上。与 GPT-3.0 相比，GPT-3.5 从预训练模型角度做了大量的优化，比如引入了指令微调机制、代码生成和代码理解、推理思维链等技术和方法。这些优化手段让 GPT-3.5 的性能大大优于 GPT-3.0。

如前面所述，InstructGPT 在 GPT-3.0 上做了一些优化，比如引入了指令微调和 PPO 算法，使得 InstructGPT 的性能在部分场景（比如文本生成、阅读理解等）中有所提高，但是 InstructGPT 在代码生成、推理等方面的能力还有所欠缺，而 ChatGPT 有效地克服了上述缺陷，综合能力要显著高于 InstructGPT。

另外，从数据集上来看，InstructGPT 的数据集基本上都是单轮 Prompt（指令）语料，这些数据要应用到 ChatGPT 中，需要转化为对话格式的。值得注意的是，最常见的闲聊机器人的应用场景是多轮对话。对于该类应用场景，传统的单轮对话数据集显然不够用，因此单轮 Prompt 语料还需要补全为多轮对话格式的，而补全可以采用人工或者人机交互的对话标注方式。

2.5.3　ChatGPT 和 BERT 大模型在公开数据集上的测试

众所周知，ChatGPT 擅长文本生成，在多个文本生成任务中效果显著。Qihuang Zhong 等人在 2023 年发表了论文 "Can ChatGPT Understand Too? A Comparative Study on ChatGPT and Fine-tuned BERT"。在该论文中，在自然语言理解领域常用的 8 个数据集上，作者们详细比较了 ChatGPT 和 BERT 大模型的测试效果，如表 2-9 所示。

如表 2-9 所示，ChatGPT 在大部分自然语言理解上的测试效果不如参数量远远低于 ChatGPT 的 BERT 大模型。尽管如此，ChatGPT 在推理任务中（比如 MNLI 和 RTE 数据集用于处理的任务）的表现明显要优于 BERT 大模型。这也能看出 ChatGPT 的优势和劣势所在。

表 2-9

数据集	BERT 大模型的测试效果 （3.4 亿个参数）	ChatGPT 的测试效果 （1750 亿个参数）
CoLA	62.4	56.0
SST-2	96.0	92.0
MRPC	91.7	72.1
STS-B	88.3	80.9
QQP	88.5	79.3
MNLI	82.7	89.3
QNLI	90.0	84.0
RTE	82.0	88.0

2.5.4 高质量的数据标注

从前面介绍的内容中可以发现，ChatGPT 强大的自然语言处理能力与样本的标注数据和质量密切相关，不论是指令数据集还是比较数据集，都离不开数据标注者的工作。OpenAI 对数据标注主要有以下 3 个要求。

（1）简单而多样。标注者可以提出一个任意的任务，只需要确保任务具有足够的多样性即可。

（2）Few-shot（少数样本学习）。在样本很少的情况下，模型要取得良好效果的前提之一是标注者需要提供提示（Instruction）和多个查询/响应该提示的问答对。

（3）用户导向的。OpenAI 收集了很多用例，要求标注者给出与这些用例相对应的指令（Prompt）。

以 InstructGPT 为例，其数据主要用于处理的多样性任务和不同的任务对应的统计分布如表 2-10 所示。

表 2-10

用例	占比
文本生成	45.6%
开放问答	12.4%
头脑风暴	11.2%
闲聊	8.4%
重写	6.6%
总结和归纳	4.2%
分类	3.5%
封闭问答	2.6%
抽取	1.9%
其他	3.5%

从表 2-10 中可以得出，占比接近一半的指令数据集用于处理的任务是文本生成方面的，12.4%的指令数据集用于处理的任务是开放问答方面的，然后是头脑风暴方面的，占比为 11.2%。

由于 InstructGPT 的主要任务侧重于基于指令的文本生成，因此我们初步推测：在 ChatGPT 中，开放问答任务的比例会有所提高，而文本生成任务的比例会有所下降。下面分别以文本生成、开放问答和头脑风暴 3 个任务为例说明如何编辑指令。

示例一：文本生成
指令：请生成一篇关于描写机器学习的技术报告！

示例二：开放问答
指令：请问谁建造了自由女神像？

示例三：头脑风暴
指令：请列出 6 个观点说明 AI 技术如何改变汽车行业！

此外，对于指令还可以进一步细分和刻画，比如模棱两可、敏感内容、与身份相关、包含明确的安全限制、包含明确的其他限制和意图不明确等。在测试过程中，我们发现：指令意图越明确，需求描述越清晰，模型回答的效果越好。

因为 ChatGPT 的目标是执行更广泛的自然语言处理任务，所以其对数据标注的范围和质量都要求很高。相应地，其对数据标注厂商和人员的能力、敏感度十分重视。能力代表标注数据的质量，敏感度代表标注数据的合规和安全。以敏感数据标注为例，OpenAI 创建了一个提示和完成语的数据集，会为提示或完成语涉及敏感内容（即任何可能引发强烈负面情绪的内容，包括但不限于有毒的、性的、暴力的、评判性的、政治性的内容等）的数据贴上敏感标签。

2.6 思考

自然语言处理主要有两类任务：一类是自然语言理解，另一类是自然语言生成。在本章前面的内容中，我们详细阐述了自然语言处理的发展历程。接下来，我们再从另一个维度（里程碑）总结一下自然语言处理的重大事件。图 2-6 为自然语言处理历史上的 12 个里程碑事件或重要的技术，我们觉得这些事件或技术对推动自然语言处理的发展具有划时代的意义。这 12 个重大事件或重要的技术在前面的内容中已经做了详细介绍，在此不再赘述。

图灵奖得主 Yann LeCun 认为，对于底层技术而言，ChatGPT 并没有特别的创新，也并非革命性的创新。许多研究实验室正在使用类似的技术。更重要的是，ChatGPT 在很多方面都是由多方多年来开发的多种技术所构建的。按照 Yann LeCun 的看法，ChatGPT 更像一个依托于大算力的工程实践，而非 AI 技术的巨大进步。

我们一直在探索大模型在部分领域中的应用，通过实践发现，ChatGPT 要产生好的效果，有以下几个明显的阻力。

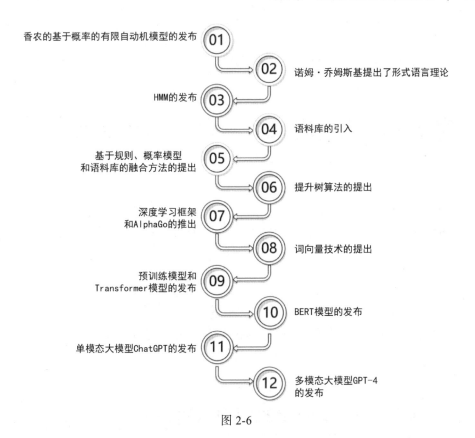

图 2-6

（1）ChatGPT 对大算力的要求，使得使用门槛较高。

（2）ChatGPT 太复杂，对算法工程师来说完全是一个黑箱，微调的效果全凭反复尝试，存在许多不可控性。

（3）ChatGPT 更适合偏文创的文本生成场景，难以保证结果的准确性和一致性。

（4）在许多应用场景中还需要融合 ChatGPT 和其他自然语言处理技术，但是 ChatGPT 的黑箱属性，会加大融合的难度和不确定性。

（5）存在法律合规和道德伦理等问题。

（6）不支持多模态输入，难以提供多模态一站式的服务体验。

第 3 章　读懂 ChatGPT 的核心技术

第 2 章已经详细介绍了 LLM 的发展历程及 ChatGPT 的优势和劣势，同时也提及了 ChatGPT 的部分核心技术。本章将对基于 Transformer 的预训练语言模型、提示学习与指令微调、基于人工反馈的强化学习、思维链方法进行阐述，同时也会重点介绍集成学习。在本章中，我们不会堆积公式，不会推导每一个方法背后的数理逻辑。我们将聚焦于各种方法的核心流程，让读者明白每个方法的原理和业务价值。

3.1　基于Transformer的预训练语言模型

ChatGPT 强大的底座模型是在谷歌提出的原始 Transformer 模型上的变种。谷歌提出的原始 Transformer 模型是一种基于自注意力机制的深度神经网络模型，与 RNN 框架不同，其可以高效并行地处理序列数据，因此可以获得更好的精度。

原始 Transformer 模型以编码器（Encoder）- 解码器（Decoder）架构为基础，主要包含两个关键组件：编码器和解码器，其框架示意图如图 3-1 所示。编码器用于将输入序列进行映射，转化为中间矩阵，而解码器则将中间矩阵转换为目标序列。编码器和解码器都由自注意力层和前馈神经网络层组成。

自注意力层的主要作用是学习序列中不同位置之间的依赖关系，使得 Transformer 模型能够有效地处理长距离依赖关系。而前馈神经网络层的主要作用是对特征进行非线性变换，提高整个网络的信息表达能力。Softmax 函数将多分类的输出值转换为范围在[0，1]之间的概率分布，且所有的概率值的和为1。通过 Softmax 函数映射即可获得预测下一个词语的概率值。

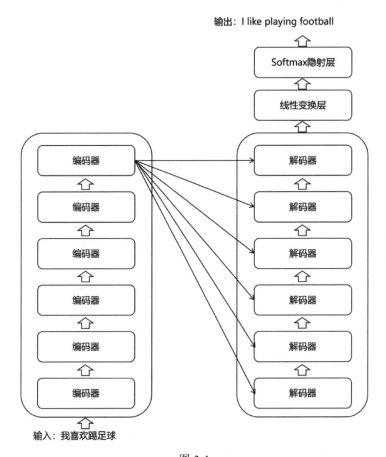

图 3-1

编码器的详细结构如图 3-2 所示，每一个编码器都包含一个多头自注意力层和一个前馈神经网络层，并且每层的输出都需要经过残差连接和归一化层进行数据处理。

残差连接的作用是将输入矩阵 *X* 和经过多头自注意力层转化之后的新矩阵连接在一起，即 *X*+MultiHeadAttention(*X*)。残差连接是行业解决多层网络训练梯度爆炸或梯度消失等问题，让网络只关注残差部分的通用做法，使得网络能够学习更深层的特征表示。归一化的作用是让每一层神经元的输入分布都具有相同的均值和方差，这有助于加快模型的收敛速度，从而提高建模效率。

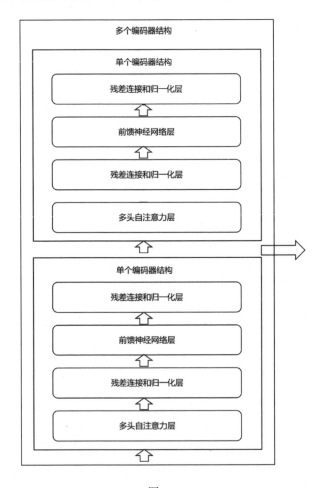

图 3-2

多头自注意力机制的计算逻辑十分简单，是将多个单层自注意力模型的输出矩阵按行拼接在一起，然后通过一个线性变换层得到新矩阵，其计算逻辑大概如图 3-3 所示。

前馈神经网络层比较简单，一般由一个或多个线性变换函数或者非线性变换函数构成，主要作用是获得更丰富的特征。在原始 Transformer 模型中提到的前馈神经网络层包含一个两层的全连接层，第一层的线性变换使用了 ReLU

激活函数，第二层的线性变换不使用激活函数，示意图如图 3-4 所示。在通过多头自注意力层处理之后，再经过前馈神经网络层的处理，可以获得更丰富的语义信息，能有效地提高模型的性能。

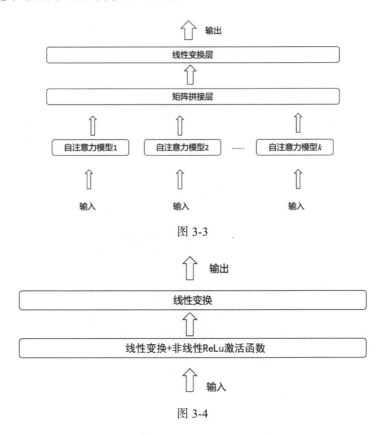

图 3-3

图 3-4

　　下面详细介绍解码器的结构，如图 3-5 所示。从图 3-5 中可以看到，解码器和编码器的整体结构十分相似，差别在于每一个解码器包含两个多头自注意力层和一个前馈神经网络层，这比编码器多了一个多头自注意力层。同样，每层的输出都需要经过残差连接和归一化层进行数据处理。

　　解码器和编码器的主要差异在解码器的多头自注意力层的内部结构上，主要存在以下两点差异。

　　（1）是否存在遮挡。第一个多头自注意力层中的自注意力模型带有遮挡操作，这么做的好处是提高模型的泛化能力，能有效预测下文。

（2）是否包含编码器的输出作为输入。第二个多头自注意力层与第一个多头自注意力层的输入不同，其输入既包含了编码器中间输出的矩阵，也包含了下游解码器的输入，其好处是在解码的时候，每一个词都可以充分利用编码器编码的所有输入单词的信息。

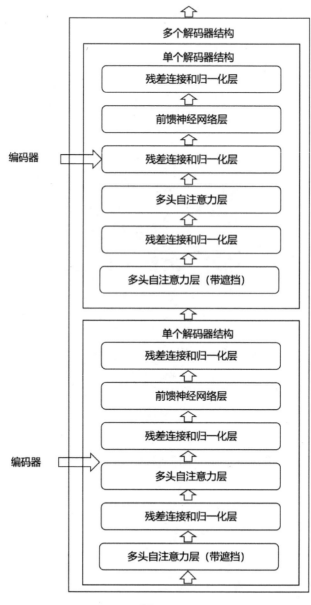

图 3-5

在原始 Transformer 模型的基础上，在自然语言处理领域中逐渐衍生出以下 3 种方式来构建预训练语言模型。

（1）只包含编码器的预训练语言模型，典型代表是 BERT。这类模型通常使用掩码语言建模作为预训练任务，然后预测被遮挡的词语。此外，这类模型基于双向编码既可以知道"上文"，又可以知道"下文"，从而可以获得比较好的信息全局可见性，因而被广泛地应用到自然语言理解领域。这类模型的主要缺点是难以进行可变长度文本的生成，无法应用于自然语言生成任务。

（2）只包含解码器的预训练语言模型，比如 ChatGPT。这类模型的整体构建思路是，先构建一个具有较强泛化能力的模型，然后有针对性地对下游任务进行微调，从而取得良好的迁移能力。这类模型的缺点是基于解码器的架构一般采用单向自回归模式，看到的信息是有序的，难以预测"下文"的信息。因此，这类模型更擅长处理文本生成任务。

（3）编码器和解码器都包含预训练语言模型，比如 BART。顾名思义，这类模型结合了前面两类模型的优点，既能保证信息的全局可见性，又可以借鉴单向自回归模式，具有良好的文本生成能力。

3.2　提示学习与指令微调

提示学习（Prompt Learning）的方法是通过编辑下游任务的输入，使其在形式上与指令训练数据集一致，从而达到挖掘更多信息，提高学习效果的目标。换句话说，按照预训练格式编辑下游任务的输入，让下游任务的分布朝着预训练数据集分布靠近，这样能有效地提高模型的学习能力。下面分别举两个示例说明提示学习的用法。

示例 A：情感判断。

文本：最近总下雨，只能在家待着。

提示：最近天气很好，可以出去玩，让人十分开心，最近总下雨，只能在家待着，让人十分____？

示例 B：问答场景。

问题：居里夫人的主要成就是____？

提示：诺贝尔的主要成就是发明了烈性炸药，爱因斯坦的主要成就是提出了相对论，爱迪生的主要成就是发明了电灯，请问居里夫人的主要成就是____？

通过示例 A 和示例 B，是不是可以明显地看到通过提示学习改写测试数据集后，可以让模型获得更多的信息，从而提高准确率？

总而言之，提示学习能有效地提高语言模型的生成和补全能力，通过给出更明显的提示，让模型做出正确的行动，从而不通过微调就可以在下游任务中取得良好的效果。

下面再介绍 3 种提示学习方法，分别是 Zero-shot（零样本学习）、One-shot（一个样本学习）和 Few-shot（少数样本学习）。

（1）Zero-shot，也称为零样本预测，就是不给模型任何提示，直接对下游任务进行推理预测。其处理方式就是把模型要执行的指令和输入的文本拼接起来，让模型预测。其示例如下。

指令：请提取下面这句话中的人物、时间、组织机构 3 类命名实体。

提示：张三于 2020 年毕业于北京大学 =>

（2）One-shot，也称为单样本预测，就是给定一个样例，让模型对下游任务进行推理预测。其示例如下。

指令：请提取下面这句话中的人物、时间、组织机构 3 类命名实体。

样例：彭帅 1993 年毕业于北京科技大学 =>人物：彭帅，时间：1993 年，组织机构：北京科技大学

提示：张三 2020 年毕业于北京大学 =>

（3）Few-shot，也称为小样本预测，就是给定少量样例作为输入，让模型对下游任务进行推理预测。小样本的作用是为模型提供上下文情境，能够更好地提高模型的通用预测能力。其示例如下。

指令：请提取下面这句话中的人物、时间、组织机构 3 类命名实体。

样例 1：彭帅 1993 年毕业于北京科技大学 => 人物：彭帅，时间：1993 年，组织机构：北京科技大学

样例 2：张馨月上个月刚从美团离职 => 人物：张馨月，时间：上个月，组织机构：美团

样例 3：刘敏航明天入职百度 => 人物：刘敏航，时间：明天，组织机构：百度

提示：张三 2020 年毕业于北京大学 =>

指令微调和提示学习的区别是指令微调不再局限于模仿预训练数据集，而是直接构建指令数据集并在此基础上进行微调，以达到更好的模型效果和泛化能力。在模型的"指令"任务的种类达到一定数量级后，大模型甚至在 Zero-shot 任务中也能获得较好的迁移能力和泛化能力。

构建指令数据集是 ChatGPT 构建过程中的重中之重。在多个自然语言处理任务中将高质量的训练数据和符合人类使用习惯的指令进行结合可以构建指令数据集，这些自然语言处理任务包含但不限于文本翻译、文本生成、角色扮演、知识问答、知识抽取、多轮对话、阅读理解等。表 3-1 列举了一些常见的指令微调数据形式。

表 3-1

类型	输入	输出
文本翻译	翻译成英文：美国企业家比尔·盖茨 14 日上午抵达北京开启访华行程。	American entrepreneur Bill Gates arrived in Beijing on the morning of the 14th to begin his visit to China.
实体识别	美国企业家比尔·盖茨 14 日上午抵达北京开启访华行程。实体识别：	美国，比尔·盖茨，14 日上午，北京
阅读理解	阅读文章，回答问题：美国企业家比尔·盖茨 14 日上午抵达北京开启访华行程。问题：比尔·盖茨何时抵达北京？	14 日上午
文本分类	美国企业家比尔·盖茨 14 日上午抵达北京开启访华行程。这篇文章属于以下哪个类别：军事、政治、科技、教育、娱乐、经济？	经济
文本生成	根据题目写文章：比尔·盖茨访华	6 月 14 日，微软创始人比尔·盖茨抵达北京，寻求加强在创新、全球减贫、公共卫生、药物研发、农村农业等领域和中国的进一步合作。

为什么说构建指令数据集是重中之重呢？主要原因有以下 3 个。

其一，预训练语言模型往往蕴含着极其丰富的先验知识，而指令微调正是打开这个知识大门的钥匙，能够最大限度地帮助预训练语言模型回忆起先前学习过的知识，激活模型的能力。

其二，指令数据集通过指令的形式指导模型的生成，能够提高预训练语言模型的泛化能力，使其在之前未做过的任务中能够表现出优秀的零样本推理能力。

其三，指令数据集一般是人工构建和审核过的高质量数据集，其价值观与人类对齐，可以大幅度减少模型生成的内容出现种族歧视、色情暴力等与人类价值观冲突的情况。

自 ChatGPT 诞生以来，无论是在通用领域还是在垂直领域，优秀的开源指令数据集层出不穷，特别是在中文领域，弥补了过去的指令数据稀缺的空白。表 3-2 为一些常见的开源指令数据集。

表 3-2

名称	来源	简介
BELLE	链家	BELLE 数据集是由人工构建指令集，然后调用 OpenAI 的 API 生成的内容构建的数据集。其数据丰富多样，包含 23 种数据类别，数据量达到 115 万条
COIG	智源研究院	包含了翻译数据（66 858 条）、考试数据（63 532 条）、人类价值观对齐数据（34 471 条）、多轮对话数据（13 653 条）、LeetCode 数据（11 737 条）
Stanford Alpaca	斯坦福大学	包含 52 000 条指令数据，基于 text-davinci-003 模型生成的内容构建的数据集，后续又增加了人工调整的中文版本 Alpaca Chinese
Med-ChatGLM	哈尔滨工业大学	哈尔滨工业大学健康智能组团队通过 OpenAI 的 API 及医学知识图谱构建的中文医学领域指令数据集

综上所述，指令数据集的有效构建是 ChatGPT 性能强大的基础保障之一。

3.3　基于人工反馈的强化学习

ChatGPT 和 InstructGPT 的差异在 2.5 节做了详细介绍，在此不再赘述。下面介绍一下 ChatGPT 的训练过程。

1. 第一个阶段：SFT，即有监督微调

ChatGPT 使用 GPT-3.5-turbo 作为其有监督微调的底座模型。ChatGPT 选取了一批人工标注的高质量的指令数据集来对底座模型进行有监督微调。这批数据的总量不大，但是其种类丰富，包含了基于各个任务的多轮对话数据。标注人员依次扮演真实用户和聊天机器人的角色。当扮演真实用户时，标注人员对聊天机器人提出一些问题，也就是构建一些指令。当扮演聊天机器人时，标注人员会首先让 ChatGPT 来生成对这些问题的回复内容，然后基于自己的想法对这些回复内容进行编辑和优化。在有监督微调后，即可获取微调后的模型，微调后的 ChatGPT 能够很好地理解用户输入的指令的内在含义。有监督微调的原理示意图如图 3-6 所示。

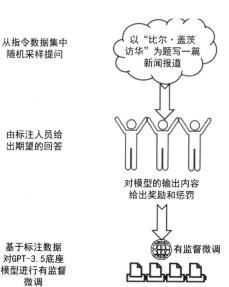

从指令数据集中随机采样提问

以"比尔·盖茨访华"为题写一篇新闻报道

由标注人员给出期望的回答

对模型的输出内容给出奖励和惩罚

基于标注数据对GPT-3.5底座模型进行有监督微调

有监督微调

图 3-6

2. 第二个阶段：训练 RM

第一个阶段的有监督微调让 ChatGPT 理解了用户输入的指令的内在含义，然而此时的 ChatGPT 还不清楚对于用户输入的指令，哪些回复内容是高质量的，哪些回复内容是不让用户满意的，这就需要用户对 ChatGPT 针对同一个指令输出的多个回复内容进行完整的排序，使得 ChatGPT 能够理解什么是真正让用户满意的翔实、符合事实逻辑并且安全无害的回复内容。

具体的做法是从指令数据集中随机采样提问，基于第一个阶段有监督微调后的模型，针对同一个提问，生成多个回复内容，然后由用户按照回复内容的质量进行排序。使用 pairwise-loss 作为损失函数来训练 RM，pairwise-loss 是推荐领域和排序任务中最为常见的损失函数，每次取出包含两个样本的组合对，对这两个样本的先后排序进行评价，然后对另外的样本组合对依次进行这个操作，最终得到整个样本集合的完整排序。训练 RM 所使用的人工标注数据在 2 万到 3 万条之间。训练 RM 可以有效地引导 ChatGPT 输出符合用户喜好的回复内容。训练 RM 的原理示意图如图 3-7 所示。

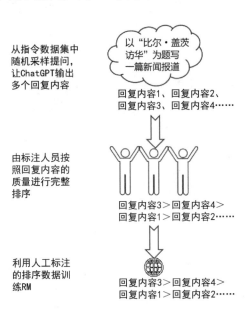

图 3-7

3. 第三个阶段：使用 PPO 算法更新 ChatGPT 的参数

在第二个阶段，我们已经训练过 RM 了，这就意味着 ChatGPT 的回复内容能够最大化地符合用户预期。

第三个阶段是一个强化学习过程，具体的做法是从指令数据集中随机选取新的指令，使用第一个阶段得到的有监督微调模型初始化 PPO 算法，根据指令输出回复内容，然后使用第二个阶段得到的 RM 对回复内容进行打分，将打分的结果作为整体奖励，基于整体奖励产生梯度更新策略，以此更新 ChatGPT 的参数，直到 ChatGPT 收敛，训练结束，从而让 ChatGPT 获得更优的效果。

通过介绍 ChatGPT 的训练过程，我们介绍了强化学习如何通过更新 ChatGPT 的参数，使得 ChatGPT 能够获得最大化的奖励，从而提高 ChatGPT 的能力和效果。ChatGPT 引入了基于人工反馈的强化学习，通过指令微调学习的方式，使得 ChatGPT 按照用户的指令行事，实现与用户的意图对齐。

3.4 思维链方法

在预训练+微调的方法提出后，尽管模型效果有所提高，但是在面对复杂的推理问题时还是束手无策。直到思维链（Chain of Thought，COT）被提出并被应用到 ChatGPT 中，模型才开始具有比较强的推理能力。在少数样本学习的示例中插入一系列中间推理步骤，有效地提高了模型的推理能力。思维链有效地利用了化繁为简、逐步突破的哲学思想，其推理思路其实特别简单，十分符合人脑的思维模式。当遇到复杂的问题时，将复杂的问题分解为若干简单的问题，然后逐个解决，有助于获得最终的答案。

回到逻辑推理问题，思维链的工作原理是将复杂的逻辑推理问题，按照化繁为简的思想分解为多个简单的步骤，然后逐步解决，这样做的好处是使得生成的过程有着更清晰的逻辑链路，并具备了一定的可解释性。思维链和提示学习结合起来，当面对复杂推理时有助于大幅度提高模型的可解释性，也有助于大幅度提高模型的推理能力和效果。下面举个示例说明当面对一个复杂的数学问题时，思维链的思考方式。

数学题：爸爸大明出差回来买了 30 个苹果，两个孩子（老大和老二）自己分配了 30 个苹果，大明没有参与分配的过程，老大分得的苹果是老二的两倍。老二觉得不公平，于是向大明告状。大明觉得老大有些自私，不仅没给爸爸和妈妈分配，还不照顾老二，给自己多分配了很多苹果。于是，大明决定给老大一个小小的惩罚，并明确设置了分配规则，要求：给爸爸和妈妈一共分配 4 个，然后在剩下的苹果中，老二分得的苹果要比老大多两个。请问在第一次分配的基础上，老大还需要给老二多少个苹果，才能达到大明的要求？

乍一看该数学问题比较复杂，那思维链如何解决该问题呢？主要分为以下 4 个步骤解决。

第一步：计算得到第一次分配后老大和老二各自有多少个苹果。这一步的计算可以按以下思维逻辑继续分解：由于老大分得的苹果是老二的两倍，首先把苹果分成三份，老大分得两份，老二分得一份。然后计算每一份的数量，三份的总数为 30 个，则一份为 30/3=10 个。最后计算得到老大分得了两份，为 20 个，老二分得了一份，为 10 个。

第二步：爸爸和妈妈需要分配 4 个，可以计算剩下的苹果数量为 30-4=26 个。

第三步：计算最终老大和老二的苹果数量。老二分得的苹果要比老大的多两个，而剩下的总数为 26 个。这句话可以按以下思维逻辑分解：如果去掉多余的两个苹果，剩下的苹果应该等分为两份，那么老大最后的苹果数量为（26-2）/2=12 个，老二分得的苹果比老大的多两个，则老二的苹果数量为 12+2=14 个。

第四步：最终计算得到老大应该给老二多少个苹果。在第一次分配之后，老大的苹果数量为 20 个，老二的苹果数量为 10 个。在最终状态下，爸爸和妈妈分得的苹果数量为 4 个，老大分得的苹果数量为 12 个，老二分得的苹果数量为 14 个。那老大应该给老二 14-10=4 个。

由该示例可以看出，按照人类的逻辑思维，思维链将一道比较复杂的推理题化繁为简，通过一步步推理，得到最终的答案。此外，结合思维链思想和指令微调，可以在少数样本学习中增加思维链的解释过程，这可以让模型在学习类似的任务时，具有很好的推理能力和迁移学习能力。比如，面对下面的测试问题，有了思维链的支持，模型可以轻松地给出答案。

测试问题：工厂 A 有两个车间（分别是车间 1 和车间 2）。工厂 A 引进了 60 个零配件并放到仓库中，两个车间的负责人私自分配了这 60 个零配件，车间 1 分得的零配件是车间 2 的两倍。车间 2 的负责人觉得不公平，于是向厂长告状。厂长明确设置了新的分配规则，要求：给工厂留下 10 个作为备用零配件，最终车间 2 要比车间 1 多 4 个零配件。请问在第一次分配的基础上，车间 1 需要给车间 2 多少个零配件？

使用思维链方法，依葫芦画瓢，可以很容易计算得到该测试问题的答案：7 个。

另外，某个问题的解决方案可能不止一个，这就意味着思维链可能会有多条。如果在学习中进一步增加多条思维链进行相互校验的逻辑，那么有助于提高模型的推理能力和精度。若多条思维链计算的结果不一致，则有助于发现逻辑推理的问题，从而进行自学习，最终得到正确的答案。面对这种情况，有学者提出了比较简单的解决方案，通过多条思维链投票的机制获得最终的推理答案。

综上所述，我们认为思维链方法主要给 AI 研究和应用带来以下 6 点启示。

（1）化繁为简，逐步分解，使逻辑清晰，让计算机在面对复杂问题的时候如同面对简单问题一样，轻松解决。

（2）引入多条思维链，既可以相互校验，又可以获得更多的信息，提高了模型的推理能力和精度。

（3）提供了一定的可解释性，更容易应用于对可信计算要求比较高的场景，比如金融场景、法律场景等。

（4）哲学思想包含了很多基础的方法论，更多的哲学思想和 AI 结合，可能会带来 AI 新的突破。

（5）思维链推理简单且容易理解，与模型结合可以进一步拓展到其他复杂问题的场景。

（6）思维链思想可以结合其他理论，比如语义学习和语境学习等，从而进一步提高模型的逻辑推理能力。

3.5 集成学习

相关数据显示，GPT-4 采用了集成技术来提高建模效率和优化模型的效果。这使得集成学习再次成为行业研究的热点之一。其实集成学习一直被广泛地应用于各个领域的大数据挖掘项目中，并取得了良好的效果。本节将重点介绍集成学习的原理和集成学习的几种方法。

由于算法原理的差异，不同的算法适用的应用场景有所差异。比如，线性算法的优点是简单、运行高效和可解释性强，缺点是无法有效地模拟复杂的非线性关系，在很多场景中性能一般。非线性算法的优点是效果比较好，能被广泛地应用于复杂的业务场景中，缺点是复杂度高、计算量大、缺乏解释能力。

随着算力大幅提高，对于单个模型而言，算法的复杂度和大计算量不再是关键问题。算法工程师更关注模型的效果、泛化能力和稳定性。混合建模能有效地保障模型的效果、泛化能力和稳定性，是目前大数据建模最常用的方法。集成学习的原理比较简单，即"采众家之长为我所用"，通过构建多个专家模型，然后采用某种算法（比如，投票或加权平均的方法）集成各个专家模型的结果，最终输出统一的结果。

一般而言，集成学习对各个专家模型的要求有以下两个。

（1）各个专家模型的差异性越大越好。模型的差异性可以体现在使用不同类型的算法（比如，线性、非线性算法等）或同一个算法使用不同的参数（比如，树的深度、叶子节点的个数等）或同一个算法使用不同的数据集（比如，同一个模型选择不同的数据行或者不同的数据列）。

（2）各个专家模型的性能差异不要太大。如果各个专家模型的性能差异太大，那么容易干扰混合模型的决策，影响模型的效果，这就好比某个专家评委团中大部分专家才不配位，最后评审结果的质量可想而知。

目前，常见的集成学习方法有以下 4 种[①]。

（1）Bagging 方法：在模型的训练过程中，通过数据集的差异，让同一个机器学习算法可以随机选择不同的数据行或者不同的数据列，从而构建出多个差异化的模型。

（2）Boosting 方法：Boosting 方法在模型的训练过程中主要通过修改训练数据的权重构建多个模型。在对训练数据建模的过程中，通过降低预测正确的样本的权重，让模型专注于预测错误的样本，这样能有效地提高模型预测的准确性。另外，降低预测效果较差的模型的权重，让效果好的模型具有相对更高的权重，也能提高整体效果。

（3）Stacking 方法：Stacking 方法就是把基础模型的结果作为新增的属性，将其和原始的特征合并在一起作为新模型的输入特征。

（4）混合专家（Mixture of Experts，MOE）方法：一般而言，每个专家模型只在自己擅长的样本数据上训练，而在其他样本数据上不训练或者梯度更新很小。这确保了在不同的数据上训练合适的模型，整体优化模型训练的效果。模型的实际输出为多个专家模型的输出与门控网络模型的加权平均组合，示意图如图 3-8 所示。MOE 方法主要通过以下公式来控制模型的输出：

$$E(x) \cdot G(x) = \sum_{i}^{n} e_i(x) g_i(x)$$

① 彭勇. 数据中台建设：从方法论到落地实战. 北京：电子工业出版社，2021.

式中，$e_i(x)$ 表示各个子专家模型的输出，而 $g_i(x)$ 表示各个子门控网络模型的输出（取值为 0 或 1）。

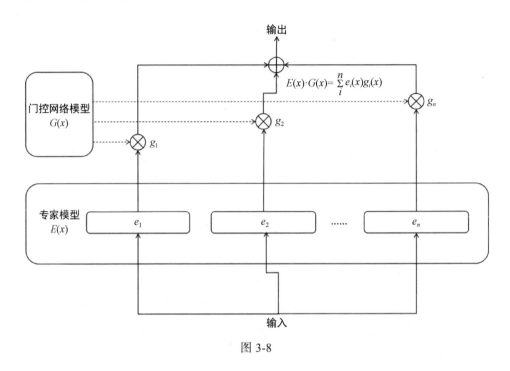

图 3-8

MOE 方法的核心优势在于：在不显著增加模型计算量的情况下，充分挖掘不同语料数据集的特点，使得模型获得更好的效果。众所周知，大模型的参数量极其庞大，不仅使得模型的训练难、训练成本高，还使得模型的使用难、返回结果比较慢。但是另一个结论是在同等条件下，大参数量模型的性能要普遍优于小参数量模型的性能。

MOE 方法可以有效地实现这两者的平衡，基于 MOE 方法可以增加专家模型的数量来构建一个极大的模型，然后采用稀疏门控网络来控制专家模型的输出，从而保证模型的计算复杂度可控。已有学者成功地将 MOE 方法嵌入了双层 LSTM 网络和 Transformer 模型的前馈神经网络层中，并且取得了比较好的效果。将大模型拆分成多个小模型，对于每个样本来说，无须让所有的小模型去学习，而只是通过门控网络激活一部分小模型进行计算。这样不仅让计算量整体可控，而且在充分挖掘语料数据的基础上保障了模型的多样性，使得模型的效果更好、更稳定。

3.6　思考

在 ChatGPT 和 GPT-4 大火后，很多科学家和工程师尝试破解它们的内核。我们也在研究 ChatGPT 和 GPT-4 的核心技术，发现 OpenAI 站在"巨人的肩膀上"做了很多创新。本章深入浅出地介绍了这些创新，期望帮助读者加深理解。

第4章　看清 GPT 的进化史和创新点

2018 年 6 月，OpenAI 发布了 GPT 家族的第一代产品 GPT-1。GPT-1 是学术界和工业界诞生的首个基于 Transformer 模型及大批量无标签数据进行预训练的单向 LLM。GPT 家族的系列产品的发展时间线和参数量如图 4-1 所示。

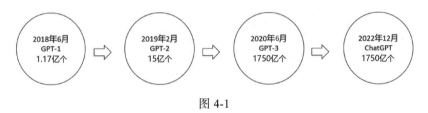

图 4-1

本章将围绕 GPT 家族的系列产品，尤其是 ChatGPT，重点介绍其技术发展历程和主要创新点。

4.1　GPT技术的发展历程

4.1.1　GPT-1 技术的发展历程

在 GPT-1 发布之前，传统自然语言处理领域的模型（如 LSTM 网络）的训练方式一般是先随机初始化一组词向量参数，或者通过无监督的浅层神经网络（如 Word2vec）来训练一组词向量参数作为先验知识，然后搭建深层神经网络，最后基于大批量高质量的有监督数据进行模型的训练。这么做无疑有以下几个较为明显的缺点。

（1）人力成本高。高质量的有监督数据往往只能通过人工标注获得，大批量的高质量的有监督数据就意味着巨大的人力成本。

（2）信息提取能力弱。传统的模型由于网络层数较少、先验知识不足等原因导致对信息的提取能力弱，而且信息之间的位置越远，其关联程度越低。

（3）并行计算能力差。传统的模型由于其自身框架的原因无法有效地并行计算，因此无法充分利用硬件设备资源的优势，导致计算效率不高。

（4）领域迁移能力弱。每一个领域模型的构建都需要该领域大批量高质量的有监督数据来训练，其推理预测能力无法有效地泛化到其他的领域，导致其领域迁移能力弱。

GPT-1 对模型的训练方式进行了创新，将模型的训练分为两个阶段：第一个阶段通过大批量无标签文本数据构建一个初始的生成式语言模型。第二个阶段基于各个有监督的自然语言处理任务，对第一个阶段构建好的语言模型进行微调。GPT-1 的模型框架图如图 4-2 所示。

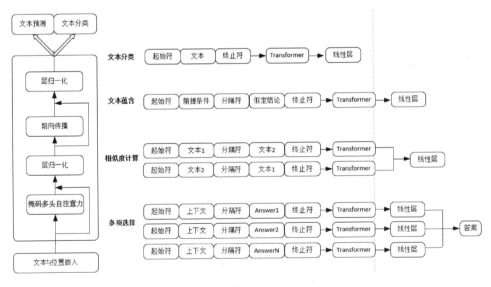

图 4-2

GPT-1 采用了 Transformer 模型的解码器部分，如图 4-2 左侧部分所示，其中共包含了 12 层解码器。在每一层解码器中，均使用多头自注意力机制，多头自注意力机制是对普通自注意力机制的升级和优化，对于输入序列，多头自注意力机制能够使用多个独立的自注意力机制进行并行处理和计算。

多头自注意力机制有两个方面的优势：其一是能够更好地利用 GPU 等设备资源进行并行计算，大幅度提高计算效率；其二是多头从不同的维度捕捉输入序列的特征，能够大幅度提高模型的信息表征能力及泛化能力。

在无监督预训练的第一个阶段，GPT-1 采用了 BookCorpus 作为预训练语料，BookCorpus 共包含近 20 万本图书，涉及文学、历史、政治等各种不同流派。基于 BookCorpus 这样的大规模无监督文本语料进行第一个阶段预训练，GPT-1 本身就具备了很丰富的先验知识储备。

在有监督微调的第二个阶段，可以将 GPT-1 迁移到各种不同的自然语言处理任务中进行微调，如图 4-2 右半部分所示，GPT-1 的有监督微调任务共分为 4 种情况，下面对这 4 种情况进行详细介绍。

1. Classification，即文本分类任务

这个任务常用于对一个特定的自然语言文本进行分类，其类别可以包罗万象，如经济、政治、安全、科技等。在文本分类任务中，将起始符[Start]和终止符[Extract]分别放置在输入序列[Text]的首尾两端，输入到第一个得到的预训练语言模型中。按照经验，一般可以选取 Transformer 模型中最后一层的输出作为该序列的特征向量表示，此时的特征向量代表了预训练语言模型对输入序列的高维特征的抽象表示，最后在该特征向量之后添加一个 Linear 层（即线性层），通过 Softmax 函数计算得到预测标签的概率。

2. Entailment，即文本蕴含任务

这个任务常用于自然语言推理。给定一个前提条件[Premise]和一个假定结论[Hypothesis]，如果基于事实和逻辑分析能够根据这个前提条件推断出假定结

论，就代表这个前提条件和假定结论之间的关系为蕴含关系，反之则代表两者之间的关系为矛盾关系。文本蕴含任务本质上是一个二分类任务。对于文本蕴含任务，采取类似的方式进行输入序列的拼接，即起始符[Start]+前提条件[Premise]+分隔符[Delimiter]+假定结论[Hypothesis]+终止符[Extract]。同样，把拼接后得到的输入序列送入预训练语言模型得到特征向量表示，最后添加一个Linear 层，通过 Softmax 函数得到最终预测标签的概率。

3. Similarity，即相似度计算任务

这个任务常用于判断一个自然语言文本[Text1]和另一个自然语言文本[Text2]是否相似。相似度计算任务本质上也是一个文本分类任务，其类别标签只有"相似"和"不相似"两种。相似度计算任务与文本分类任务和文本蕴含任务的处理方式有细微的差别，首先将起始符[Start]+文本 1[Text1]+分隔符[Delimiter]+文本 2[Text2]+终止符[Extract]拼接送入预训练语言模型得到特征向量 1，然后将起始符[Start]+文本 2[Text2]+分隔符[Delimiter]+文本 1 [Text1]+终止符[Extract]拼接送入预训练语言模型得到特征向量 2，最后将特征向量 1和特征向量 2 进行拼接得到最终的特征向量，后续的处理与文本分类任务和文本蕴含任务相同。这么做的目的是防止言文本 1 和文本 2 的语序问题干扰整个句子的语义，而相似度计算任务从根源上是不需要考虑两个文本的前后顺序的。

4. Multiple Choice，即多项选择任务

这个任务常用于给定一段参考文本和一个问题，以及多个答案，判断哪个答案是该问题的最佳答案。多项选择任务本质上是一个文本多分类任务。对于多项选择任务，首先将参考文本[Text]和问题[Question]拼接得到上下文[Context]，然后依次将上下文[Context]与答案[Answer1] ~ [AnswerN]及起始符、分隔符、终止符拼接得到多个序列，将每个序列分别送入预训练语言模型得到

多个特征向量，最后添加一个 Linear 层，通过 Softmax 函数进行多分类的标签预测。

GPT-1 以巧妙的方式解决了传统模型（如 LSTM 网络）存在的人力成本高、信息提取能力弱、并行计算能力差、领域迁移能力弱等问题。GPT-1 能够在给定上下文提示时生成较为通顺的语言，在一定程度上能够辅助写作、生成营销方案等，然而生成的上下文越长，其关联程度越低，通顺性、流畅性、可读性越差，泛化能力越差。

4.1.2　GPT-2 技术的发展历程

2019 年 2 月，OpenAI 发布了 GPT 家族的第二代产品 GPT-2。GPT-2 的参数达到了 15 亿个，更大的参数量意味着生成式预训练语言模型具备更丰富的先验知识。GPT-2 没有对 GPT-1 在网络结构和算法框架上做出大的改动，仍然采用 Transformer 模型的解码器部分，主要优化举措集中在训练数据量、网络层数和下游任务等方面，详细介绍如下。

（1）数据集扩充。GPT-1 采用了 BookCorpus 及 Common Crawl 作为预训练语料，其预训练语料总量约为 5GB，Token 总量约为 1.3 亿个。GPT-2 采用了 WebText 语料作为预训练数据集。WebText 是从美国社交平台 Reddit 上爬取的高赞链接的文本，其网页数量大于 4500 万个。经过推算，GPT-2 的预训练语料总量约为 40GB，Token 总量约为 15 亿个。

（2）词表扩充。与 GPT-1 相比，GPT-2 采用了更多词表，其词表数量达到了 50 257 个。在相同的分词方式下，词表越多意味着模型能够学会越多样的术语，出现未登录词的概率就越低，还可以有效地提高编码和解码的效率。

（3）最大上下文窗口长度扩充。与 GPT-1 相比，GPT-2 的最大上下文窗口长度提高到了 1024 个 Token。更高的上下文窗口长度上限意味着模型可以提高更长的上下文之间的理解能力。

（4）批处理大小（batch-size）扩充。GPT-1 的批处理大小设置为 32 个数据块，GPT-2 则将其扩充到 512 个数据块。一般而言，越大的预训练语言模型会将批处理大小设置得越大，而将学习率设置得越小。批处理大小设置得越大，越有助于进一步提高模型的计算效率。

（5）网络层数扩充。与 GPT-1 的 12 层 Transformer 网络结构相比，GPT-2 将网络层数扩充到了 48 层。4 倍的网络层数，使得 GPT-2 具备更强的表征能力和推理能力。

（6）去除有监督微调。从 4.1.1 节中可知，GPT-1 在第二个阶段选取了文本分类、文本蕴含、相似度计算、多项选择任务进行有监督微调。GPT-2 的开发人员则认为生成式预训练语言模型应该具备通用领域的生成能力，而不应该事先限定模型的下游任务，于是 GPT-2 去除了有监督微调。

（7）增加层归一化。层归一化（Layer Normalization）方法是对一个输入序列的同一层的全部神经元进行归一化处理，一方面可以解决梯度爆炸和梯度消失的问题，另一方面可以起到加速模型收敛的作用。与 GPT-1 相比，GPT-2 将层归一化增加到每个块（Transformer 中的变换编码）的输入之前及最后的自注意力块之后。

我们曾在多个自然语言处理领域的任务中使用过 GPT-2，例如通过一些关键词来生成一篇文章、对一篇文章进行续写、生成一篇文章的评论等。从我们的经验来看，在 GPT-2 通用模型的基础上，通过少量领域数据对 GPT-2 进行增量预训练就能取得较好的应用效果。但是 GPT-2 对一部分抽取、总结任务表现不佳，比如文本摘要撰写、关系抽取等。

4.1.3　GPT-3 技术的发展历程

2020 年 6 月，OpenAI 发布了 GPT 家族的第三代产品 GPT-3。与 GPT-2 的 15 亿个参数相比，GPT-3 的参数达到 1750 亿个，GPT-3 是一个实打实的超级大模型。

GPT-3 凭借着超大参数量的加持，在各个自然语言处理任务中，无论是在文本生成、多轮对话、机器翻译方面还是在智能问答方面的表现都相当优异，一诞生就成了学术界和工业界关注的焦点。我们可以从 GPT-3 的公开论文"Language Models are Few-shot Learners"中得知，GPT-3 的预训练语料共使用了 5 个不同来源的数据集，分别是 Wikipedia、WebText2、Common Crawl、Books1 和 Books2。

Wikipedia，也称为维基百科，是由非营利性机构运营的全球多语言网络百科知识库。截至 2023 年 6 月 20 日，维基百科共包含了超过 300 种语言的版本，其多语言词条的总数量超过了 6100 万条。

WebText2 是 WebText 的扩展版本，扩展了超过 25%的比例。GPT-3 从中选取了数据量约为 50GB 的部分进行预训练，其 Token 总量约为 190 亿个。

Common Crawl 是对公开互联网数据进行爬取而形成的数据集，包含了各领域多语种的网页信息。GPT-3 对 Common Crawl 数据集进行高质量的数据过滤和清洗，共形成约 570GB 的数据，并使用这些数据进行预训练，其 Token 总量约为 4100 亿个。

对于 Books1 和 Books2，论文中没有明确解释其来源。从 Books1 中过滤得到的数据量约为 21GB，Token 总量约为 120 亿个。从 Books2 中过滤得到的数据量约为 101GB，Token 总量约为 550 亿个。

综上所述，GPT-3 共形成了约 750GB 的预训练数据量，其 Token 总量约为 5000 亿个。这些数据相当惊人。

在模型创新上，GPT-3 的开发人员认为预训练语言模型本身应该具备很丰富的通用领域知识，不需要在下游任务中有目的性地进行有监督微调，仅仅通过几个样本或者 1 个样本甚至零样本的提示，就能够在下游任务中很好地进行推理预测。因此，在处理下游任务的时候，GPT-3 不需要对其参数进行微调或者更新，而是通过 Zero-shot、One-shot、Few-shot 三种形式进行推理预测，这部分内容已经在 3.2 节做了详细介绍，在此不再赘述。

在模型结构上，GPT-3 沿用了 Transformer 模型，仍然坚持"大力出奇迹"的理念。与 GPT-2 相比，GPT-3 采用了更大、更多样的预训练数据集和更多的网络层数，具有更强的并行计算能力。事实证明，GPT-3 在各项自然语言生成和自然语言理解任务中都表现得十分惊人，证明了这个方法的可行性和巨大潜力。

然而，GPT-3 也存在一些缺陷，例如无法保证生成的文章是否符合人类的价值观、是否有政治敏感和种族歧视的信息，其长距离上下文理解能力不够强大，多轮对话能力有待提高。

关于 GPT 家族的其他主要成员，比如 InstructGPT 和 ChatGPT 的技术细节已经分别在第 2 章和第 3 章进行详细阐述，在此不再赘述。

4.2　GPT的创新点总结

GPT 类预训练语言模型，包含 GPT-1、GPT-2、GPT-3、GPT-3.5、InstructGPT 等，在理论上做了大量的创新，无论是在大的方法论上还是在小的理论上，都有诸多值得学习和深思的地方。

首先，GPT 是第一个使用 Transformer 的大规模预训练语言模型。使用多层的 Transformer、大规模的无监督语料、掩码语言建模进行预训练，都是 GPT 重要的技术手段，并且这三者都极其重要，缺一不可，使得 GPT 在训练时可以保持较快的速度、在推理时可以保持较高的准确性、在各个自然语言处理任务中都表现优异。

其次，GPT 原创了 Zero-shot、One-shot、Few-shot 的推理方式。GPT 通过 Prompt（提示）模板的形式大大地提高了预训练语言模型的泛化能力。传统的预训练语言模型在各个语种、各个行业的任务中都需要一批高质量的标注数据。训练一个只适用于某个数据的模型，成本极高、迁移能力弱。GPT 使用提示模板的形式有效地获取了预训练语言模型的先验知识，真正做到了预训练语言模型在多任务多语种上的统一，在不同的任务中具有很强的零样本推理能力，即使在特殊的专业领域任务中只有极少量的样本，也具备很强的小样本推理能力。

再次，GPT 原创性地使用了基于人工反馈的强化学习技术。传统的预训练语言模型生成的内容虽然在一定程度上也通顺，但是在很多时候不符合人类的预期，例如生成的文章没有艺术性、创造性，回答的答案不符合实际、张冠李戴等。这是因为传统的训练方式基本上是给定一个标准答案，然后让模型生成的内容尽量接近这个标准答案，以此来构造损失函数进行参数更新。GPT 对生成的内容进行了人工干预，对同一个输入批量输出多个回复内容，然后由人类对这些回复内容的准确性、可用性进行排序，如此循环往复，一方面 GPT 学习到了人类的预期，另一方面也保证了生成的内容的安全性和无害性。同时，这种强化学习技术还可以持续地获得真实用户的如实反馈，使得模型的能力能够持续地提高。

此外，直到 ChatGPT 出现，GPT 的表现才算真正有了质的飞跃。在图书数据集、社交数据集、百科数据集和网页数据集等数据集的基础上，ChatGPT 在训练数据集构建上做了大量的优化工作。

首先，ChatGPT 补充了数十亿行的 GitHub 代码数据。我们知道，完整的工程代码的内部逻辑非常强，蕴含了一步一步解决问题的思路，这在很大程度上有助于 GPT 逻辑推理能力的形成。

其次，ChatGPT 在训练过程中使用了高质量的指令微调数据，这些高质量的指令微调数据是其能够在多语言多任务上获得一致性的关键。这些指令微调数据中包含了各种各样的自然语言处理下游任务的输入指令和输出结果，如知识抽取、知识问答、多轮对话、文本翻译、角色扮演等。这些数据让 ChatGPT 几乎完全具备了像一个高智商的人一样思考的能力。

除此之外，这些指令微调数据中还不乏人类价值观对齐数据。这些人类价值观对齐数据可以让 ChatGPT 拒绝回答与它不掌握的知识相关的内容，拒绝生成性别歧视、种族偏见、色情暴力等与人类价值观不符的内容。

最后，OpenAI 从始至终坚持"大力出奇迹"的理念，我们分析发现，从 GPT-1 的 5GB 训练数据、1.17 亿个参数，到 GPT-2 的 40GB 训练数据、15 亿个参数，再到 GPT-3 的 750GB 训练数据、1750 亿个参数，最后到 GPT-3.5 融入大量的代码数据和指令数据，进一步扩充预训练数据，OpenAI 始终坚持 Transformer 的技术路线，不断地增加训练数据及其多样性，坚持量变引起质变的理念。

事实也证明了这一点，GPT 的参数达到 500 亿个数量级以上，会引起模型推理能力"突变"，例如训练数据中不存在阿尔及利亚语的文本翻译数据，GPT 模型却可以很好地对其进行翻译。

总之，从 GPT-1、GPT-2、GPT-3、GPT-3.5 到 ChatGPT 的诞生，预训练的数据量、模型的参数量呈指数级增长，预训练语言模型的实际效果也从仅能生成较为通顺流畅的语言发展到几乎逼近人类预期的智能水平。Transformer、零样本学习、少数样本学习、指令微调及基于人工反馈的强化学习都是 GPT 成功的关键所在。

4.3　思考

大模型的发展如火如荼，未来会逐步应用到各行各业，但是其被广泛应用有以下几个前提：效果好、效率高和成本可控。目前，大模型在这几个方面还不够理想。

第 5 章　大模型+多模态产生的 "化学反应"

ChatGPT 引爆了以 AIGC（人工智能生成内容）为代表的第四范式 AI 的市场，并成为 AI 市场的热点。当前业界的大模型，更多的是指 LLM，而全面融合文本信息、图像信息、语音信息、视频信息的多模态大模型将成为 AI 的基础设施，并有望将整个 AIGC 产业推向辉煌。

在阿里巴巴达摩院发布的《2023 十大科技趋势》中，实现文本−图像−语音−视频 "大统一" 的多模态预训练大模型占据榜首。多模态与我们的生活息息相关，我们每天都通过语言、文字来感知这个世界，并有数不尽的文本、图像、语音、视频信息每时每刻都在传播和存储。

5.1　多模态模型的发展历史

从字面意思上可知，多模态（Multimodal）指的是在同一个体系或者系统中，同时存在两种或者两种以上的感知模态或数据类型。这些感知模态或数据类型包含了文本、图像、语音、视频等，每一种模态都从各自的维度分别提供了不同的信息。将不同模态的信息进行汇总，就可以获得更多样、更丰富的信息。

Tom Brown 等人在发表的论文 "Language Models are Few-shot Learners"

中认为，从 AI 算法的技术变革角度来看，多模态的发展经历了 5 个时代，分别是行为时代（1970—1979 年）、计算时代（1980—1999 年）、交互时代（2000—2009 年）、深度学习时代（2010—2019 年）、大模型时代（2020 年至今）。

在行为时代，人们对多模态的感知还没有达到量化压缩可计算的层面，只能从心理学的角度进行定性的感知和剖析。例如，人们认为手势和语言都是信息表达的核心部分，都是直接受大脑神经元控制的，都代表了说话人的思考方式。人们通过听觉和视觉的完美结合才能真正地欣赏一场演出，通过语言文字描述和图像才能理解美术作品要传达的意境等。

在计算时代，人们开始通过一些浅层神经网络［如反向传播（Back Propagation，BP）神经网络］对多模态问题进行定量研究。人们基于 BP 神经网络自动解读唇语来提高语音识别的效果，发现在有噪声的环境下，引入视觉信号的辅助能够极大地提高语音识别的准确率。此外，人们开始逐渐从事多感知情感计算、数字视频等项目的研究。

在交互时代，随着智能手机等电子设备的出现，人们的研究重点转向了多模态识别，如语音和视频的同步、会议记录中语音和文本的转写等。与此同时，人们开始尝试构建标准的多模态训练数据集和评测数据集。多模态技术的发展逐渐衍生出了当时轰动一时的苹果手机语音助手 Siri。Siri 可以执行基本的自然语言指令，如查看天气、发送信息、拨打电话、播放音乐等。

在深度学习时代，多模态技术快速发展，这主要得益于以下 3 点：

其一是算力快速发展，这使得研究者可以搭建更深层的神经网络架构进行快速计算。

其二是新的多模态数据集层出不穷，例如图像和文本对齐的数据集、文本和视频对齐的数据集、文本和语音对齐的数据集等，如表 5-1 所示。这使得研究者可以在标准数据集上更关注算法本身的改进。

其三是语言特征提取能力和视觉特征提取能力快速提高，这使得文本、视频等不同模态的信息可以被提取到高维空间进行表示学习和对齐。

表 5-1

名称	类别	简介
COCO	图像-文本	COCO 数据集主要用于目标检测、图像描述、图像分割等任务，有 33 万张图片，每张图片有 5 个描述，包含 80 个目标类别、91 个对象类别
Conceptual Captions	图像-文本	Conceptual Captions 数据集的图像-文本对数据来自互联网。人们首先对原始数据的内容、大小、图文匹配程度进行筛选，然后进行人工清洗和抽验审核，得到最终的数据集
HowTo100M	文本-视频	HowTo100M 数据集针对教学领域，包含的视频总时长达到 15 年，平均每个视频的时长达到 6.5 分钟，通过字幕描述与视频剪辑配对
AudioSet	文本-语音	AudioSet 数据集是谷歌发布的大规模语音数据集，包含了超过 200 万个时长为 10 秒的语音片段及 632 个语音类别，其数据最初来源于 YouTube
HD-VILA-100M	文本-视频	HD-VILA-100M 数据集包含了 300 万个视频，以及 1 亿个文本-视频对，涵盖了多个领域

这一阶段以基于深度玻尔兹曼机（Deep Boltzmann Machines）的多模态模型为代表，涌现了真正的多模态模型。研究者参照传统编码器-解码器的架构，将深度玻尔兹曼机引入了多模态领域。

在训练阶段，将各个模态之间的信息变化最小化当成模型的损失，以此来训练深度玻尔兹曼机，学习嵌入空间中各个模态的联合概率分布，得到共同语义表示。这样，在某个模态信息缺失的情况下，依靠其他模态的输入信息及共同语义也可以预测缺失的模态。

在推理阶段，以文本和图像多模态为例，当输入图像时，利用编码器得到图像的高维特征，然后基于条件概率 P（文本/图像）生成文本的高维特征，依次解码得到图像的文本描述。当输入文本时，利用编码器得到文本的高维特征，然后基于条件概率 P（图像/文本）生成图像的高维特征，通过图像特征检索，得到最符合文本描述的图像。基于深度玻尔兹曼机的多模态模型原理示意图如图 5-1 所示。图 5-1 中[CLS][MASK][SEP]分别表示起始符、遮盖符和间隔符。

在大模型时代，真正的多模态预训练大模型层出不穷，遍地开花，下面将介绍几个具有代表性的多模态预训练大模型。2019 年 6 月，Facebook AI 研究院、佐治亚理工学院、俄勒冈州立大学等机构共同发布了 ViLBERT（Vision-and-Language BERT）模型（更多细节可以参见 Jiasen Lu 等人发表的论

文 " ViLBERT: Pretraining Task-Agnostic Visiolinguistic Representations for Vision-and-Language Tasks")。ViLBERT 模型的核心理念是将视觉知识当作可预训练的能力,同时让模型学习语言和视觉之间的基础知识。ViLBERT 模型对 BERT 模型进行了扩展,使其能够对视觉和文本知识进行联合表示。在训练时,ViLBERT 模型继续沿用 BERT 模型的掩码建模任务。不同的是,ViLBERT 模型对 15%的文本数据和图像区域进行遮盖,对于被遮盖的图像区域,其特征有 90%的概率会被遮盖,还有 10%的概率保持原来的样子,ViLBERT 模型的训练目标是恢复被遮盖图像区域的语义分布。ViLBERT 模型的原理示意图如图 5-2 所示。

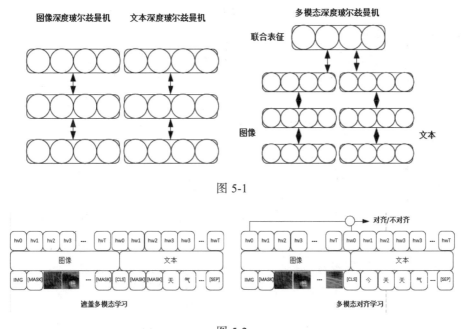

图 5-1

图 5-2

2021 年,OpenAI 推出了 CLIP(Contrastive Language-Image Pre-training)模型。这是一种基于对比学习的多模态预训练模型,可谓多模态预训练模型领域的经典之作。CLIP 模型的效果惊人,在多个下游任务(如视觉分类、动作检测、光学字符识别等)中具有极强的零样本推理能力。

同年,OpenAI 推出了 DALL-E 模型,DALL-E 模型验证了由文本提示词生成图像的可行性。DALL-E 模型训练的第一个阶段通过对图片进行大幅度压缩，提取图片的高维视觉特征，进行自监督预训练。第二个阶段在处理文本序列时，固定第一个阶段中训练好的模型，基于 Transformer 按照自回归的方式训练。2022 年 7 月，OpenAI 发布了 DALL-E 2 模型。类似的由文本提示词生成图像，或者通过文本编辑图像的多模态大模型还有 Stable Diffusion、Imagen、ControlNet 等。

百度也推出了 ERNIE-ViL 系列多模态大模型，分别在 2020 年推出 1.0 版本，在 2022 年推出 2.0 版本。ERNIE-ViL 模型的特色是在文本-视觉预训练模型构建过程中加入了结构化知识进行知识增强，使不同模态之间能够进行更细粒度的对齐。ERNIE-ViL 模型是全球最大的中文跨模态预训练语言模型，通过跨模态语义对齐技术，同时实现了文本到图像、图像到文本的双向生成。

另外，比较经典的文本-视频多模态大模型有 VideoCoCa、VideoCLIP 等，比较经典的文本-语音多模态大模型有 MusicLM 等。MusicLM 多模态大模型支持输入一段文字创作出优美的音乐作品。

GPT-4 支持文本和图像双模态的输入，具有高超的识图能力，能够准确地进行图文问答、基于图像中的内容进行高水平的创作等。GPT-4 支持输入的字符数甚至超过了 3 万个。与 GPT-3.5 相比，GPT-4 能够处理更复杂的指令，其输出的内容更可靠。目前，GPT-4 已经接入了微软的必应搜索引擎。在 GPT-4 的帮助下，必应能够更可靠、全面地理解用户的搜索意图。另外，GPT-4 也通过插件的方式，接入了 Speak、Turo、Expedia、Video Insights 等应用中。未来，GPT-4 还将全面接入 Office 办公软件。

5.2　单模态学习、多模态学习和跨模态学习的区别

从字面意思上可以得知，单模态学习指的是对单一类别的数据进行处理、训练和推理，例如利用单一的文本数据训练文本模型处理文本分类任务，利用

单一的图像数据训练图像模型处理图像分割任务等。

多模态学习指的是同时使用多个类别的数据，如文本、图像、语音、视频模态的数据，共同处理、训练和推理。一方面，大部分自然界的真实数据本身就是以多模态的形式存在的，传统的算法由于技术瓶颈往往只关注了单一模态的数据；另一方面，多个不同模态的数据分别从各自不同的维度描绘了同一个物体，这些数据如果可以互补，就能够创造更大的价值。例如，在社交媒体领域，针对一篇推特的推文，可以利用推文及推文的配图共同进行情感分析，这比传统的情感分析的准确率更高。在多媒体领域，如果对一个视频进行分类，同时使用视频本身、视频的字幕、视频对应的语音这些信息明显要比只使用视频本身的准确率高得多。

跨模态学习可以被认为是多模态学习的一个分支，两者关注的重点不同。多模态学习关注的是多个不同模态数据之间的语义对齐，利用多模态数据构建多模态模型来提高传统单模态算法推理的准确性。跨模态学习关注得更多的是将不同模态之间的数据进行相互转换和映射，以便处理下游任务，例如将图像模态的数据映射到文本模态上来处理图文检索、图像问答等任务，将语音模态的数据映射到文本模态上来处理语音分类等任务。

单模态学习的优点是原理简单，不需要考虑多模态数据彼此关联，所需要的算法简单易懂。单模态学习在模型训练时，只需要单一类别的数据，一方面对算力条件没有过高的依赖，另一方面减少了人工标注多模态数据的成本。在某些简单的场景中，单模态学习可以更有效地提取数据特征。

然而，与多模态学习相比，单模态学习提供的数据丰富度和多样性较低，对数据的理解和特征的抽象能力较弱，无法做到在某个模态数据缺失的情况下互相补充，从而导致了在各种下游任务中表现出来的能力不佳，准确性不高。同时，人类在自然界中真实接触的数据通常是多模态形式的，而不是单模态形式的。

多模态学习的优点是其囊括了来自各种不同模态的数据，能够全方位、多维度地对同一个物体进行描述。多模态学习能够更好地挖掘目标的特征，具有更高的准确性和可用性。在利用多模态模型进行推理时，即使缺失了某一模态的数据，也可以用其他模态的数据来弥补，能够更好地应对数据噪声，模型的鲁棒性更强。同时，多模态模型学习到了多数据源的语义知识，使其能够在更大的上下文语境中进行推理和预测，大大地提高了模型的泛化能力。

然而，这也意味着多模态模型的训练需要更多数据、更大算力的支持，所需要的成本更高。

跨模态学习的典型应用领域是跨模态检索，例如通过文本检索图像、通过文本检索视频等。由于不同模态数据的多源异构性，跨模态检索的难点在于如何对不同模态的数据进行语义对齐。跨模态检索有两种主流的技术，以图文检索为例，一种是公共空间特征学习技术，另一种是跨模态相似性检索技术。

公共空间特征学习技术，指的是将文本和图像分别用各自的编码器映射到公共空间中，得到公共空间中的文本特征和图像特征，然后取各自特征的最后一层向量嵌入进行余弦相似度计算。公共空间特征学习技术的原理示意图如图 5-3 所示。

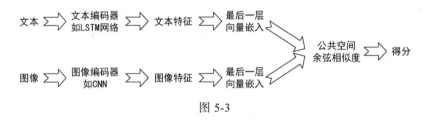

图 5-3

公共空间特征学习技术往往应用于较简单的场景，可以事先把文本和图像的语义向量分别计算好，用数据库进行存储，当输入查询文本时，可以快速地检索推理。不足的是，这种技术的文本编码器和图像编码器彼此独立，模态之间没有交互，因此生成的特征很难做到真正的语义对齐，从而导致这种技术的检索准确率不高。

　　跨模态相似性检索技术在文本特征和图像特征编码的过程中所采用的方法与公共空间特征学习技术类似，不同的是，没有直接取特征的最后一层向量嵌入进行余弦相似度计算，而是将文本特征和图像特征进行拼接融合，然后加上一层映射层网络，使得映射层网络尽可能地学习到能够度量跨模态相似性的参数。跨模态相似性检索技术的原理示意图如图 5-4 所示。

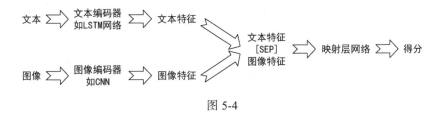

图 5-4

　　跨模态相似性检索技术将文本特征和图像特征进行拼接融合，然后在映射层网络中学习语义对齐参数，能够做到文本数据和图像数据的互相补充，与公共空间特征学习技术相比，在多模态语义对齐方面学习得更充分，检索的准确率更高。然而，由于无法提前进行向量计算和存储，因此搜索过程耗时更多。

5.3　多模态大模型发展的重大里程碑

　　无论是在文本、图像、语音领域还是在视频领域，传统的单模态模型的发展都已经较为完善。大规模预训练模型的最大优势就是在预训练的过程中经过了大批量数据的训练，使得模型已经具备了丰富的先验知识，在处理具体的下游任务时通常通过小样本提示甚至零样本提示的方式进行推理预测。在多模态领域，道理一样，高质量的多模态标注数据往往较难获取，因此，也通过大批量的无标注多模态数据，基于类 Transformer 进行预训练来构建多模态预训练模型，在处理下游任务时，通过少数样本甚至零样本提示进行推理。下面介绍多模态大模型在发展过程中出现的几个里程碑式的进展。

1. Vision Transformer 模型

我们知道，Transformer 模型在自然语言处理领域的应用早已经无处不在。这已经足以证明其算法价值。Vision Transformer 模型是第一个开创性地将 Transformer 应用于计算机视觉领域的模型，实验结果也证明了其性能超过了当时计算机视觉领域最强大的 CNN 模型（更多细节请参见 Alexey Dosovitskiy 等人发表的论文 "An Image is Worth 16×16 Words: Transformers for Image Recognition at Scale"）。Vision Transformer 模型的原理示意图如图 5-5 所示。

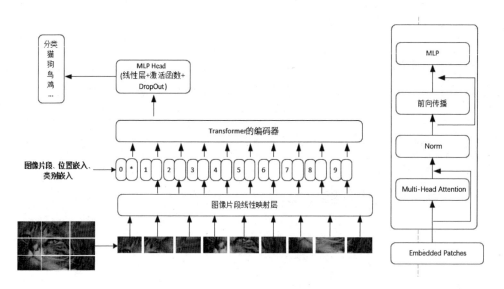

图 5-5

Vision Transformer 模型的结构主要有以下 3 个部分。

第一个部分是 Embedding 层（嵌入层）。标准的 Transformer 的输入是多个文本字符对应的向量嵌入组成的二维矩阵。对于图像而言，其输入是三维信息，包括图像序列、图像的长和宽，因此需要做一次映射转换。如图 5-5 左下角所示，参照卷积神经网络的做法，将一张完整的图片的信息划分成多个 Patch（片段），接着将每个片段线性映射为一维向量，于是就组成了 Transformer 需要的二维矩阵输入。最后，将图片嵌入（Image Embedding）、位置嵌入（Position Embedding）、类别嵌入（Class Embedding）进行拼接组合输入 Transformer 的编码器。

第二个部分是 Transformer 的编码器，如图 5-5 右半部分所示，由多层编码器块叠加而成，结构和原始的 Transformer 基本一致。第二个部分主要包含以下几个部分：Embedded Patches，指的是输入的片段向量嵌入；Norm，即层归一化，主要是解决模型梯度消失和梯度爆炸的问题，同时加速收敛；前向传播，即将上一层的输出作为下一层的输入，逐层计算下一层的输出；Multi-Head Attention，指的是多头自注意力模块，前文已经详细介绍过；MLP，指的是全连接层、激活函数、DropOut 的组合体。

第三个部分是 MLP Head，如图 5-5 所示，MLP Head 模块接受 Transformer 的编码器的输出，返回图片的分类结果，其本身是线性层+激活函数+DropOut 的组合体。

Vision Transformer 模型是巨大的创新，为多模态大模型的发展开了先河。

2. VideoBERT 模型

如果说 Vision Transformer 模型是开创性地将 Transformer 应用于计算机视觉领域的模型，那么 VideoBERT 模型就是第一个将 Transformer 应用到多模态领域的模型（更多细节请参见 Chen Sun 等人发表的论文"VideoBERT: A Joint Model for Video and Language Representation Learning"），也证明了 Transformer 在多模态领域的巨大价值和潜力。VideoBERT 模型被广泛地应用于视频生成、视频描述、视频问答、视频动作分类等任务中，都取得了大幅超过传统单模态模型的效果，证明了"多模态预训练大模型+小样本微调"这种模式的可行性。VideoBERT 模型的原理图如图 5-6 所示。

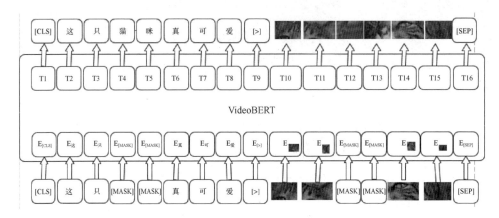

图 5-6

VideoBERT 模型选取的预训练数据来自 YouTube 上大批量的无标签视频。单个视频中连续的帧构成帧片段，VideoBERT 模型对帧片段进行特征抽取获得视频对应的特征向量，然后对全部的特征向量聚类。这样，每个视频都会被划分到某一个类别中，这个类别正好与自然语言处理中的 Token 对应。另外，VideoBERT 模型通过语音识别工具，获取视频中的文本信息。这样，就有了文本和视频的对齐数据。

VideoBERT 模型的训练方式和原始的 BERT 模型几乎一样，如图 5-6 所示。VideoBERT 模型将文本 Token 和视频 Token 进行拼接，中间加入特殊字符[>]来表示两者的拼接。训练任务分成两个：第一个是随机遮盖一部分 Token，让模型来还原这些被遮盖的 Token。第二个是判断文本和视频能否匹配，也就是判断视频 Token 序列能否作为文本 Token 序列的下一句。

3. CLIP 模型

CLIP 模型是 OpenAI 在 2021 年推出的文本-图像多模态预训练大模型，是多模态领域里程碑式的大模型，利用丰富的先验知识真正实现了下游任务的零样本推理，在多个任务中都取得了最佳表现，证明了"多模态预训练大模型+零样本推理"这种模式的可行性。

在 CLIP 模型出现之前，传统计算机视觉领域的做法一般是训练单模态模型对图像进行类别划分，也有一些研究者尝试将自然语言文本结合到计算机视觉模型中，但实际效果不如使用经过有监督训练的单模态图像模型。CLIP 模型的研究者进行了以下几点考虑。

（1）传统的单模态图像模型的训练需要大量高质量的图像标注数据，如图像类别标签，这些数据往往难以获取。然而，在互联网上已经存在大批量的文本-图像对，例如社交媒体上的用户通常会为其发文配图，这些图像和图像的文本描述信息本身就可以当作标注好的数据集来用于训练，解决传统图像的标签类别数据标注成本高和难以获取的问题。

（2）在当前所做的尝试中，将自然语言文本结合到计算机视觉模型中表现不佳，可能是因为多模态的标注数据规模还不够大，无法有效地激活模型的潜在推理能力。毕竟 Transformer 模型已经在自然语言处理领域证明了大规模预训练的强大能力。

（3）传统的单模态图像模型在高质量标注数据的训练下能够取得很好的图像分类效果，但基本没有获得零样本推理能力，也就是如果给定的图像类别标签没有在之前的训练样本中，其分类准确率就会大幅降低。如果基于互联网中大批量真实的文本-图像对进行多模态预训练，模型能够获得更强大的零样本推理能力和泛化能力。

基于上述考虑，CLIP 模型从互联网上获取了 4 亿个文本-图像对，并进行一定的数据清洗用于预训练。CLIP 模型的训练包含了两个阶段，分别是特征映射阶段和对比学习阶段（更多细节请参考 Alec Radford 等人发表的论文"Learning Transferable Visual Models from Natural Language Supervision）。CLIP 模型的原理示意图如图 5-7 所示。

在特征映射阶段，对于输入的图像，利用图像编码器（Image Encoder）得到图像向量嵌入，对于输入的文本，利用文本编码器（Text Encoder）得到文本向量嵌入。随后，将图像向量嵌入和文本向量嵌入映射到公共多模态语义空间，方便直接对二者进行语义相似度计算，于是就得到了在公共多模态语义空间中新的图像向量嵌入和文本向量嵌入。

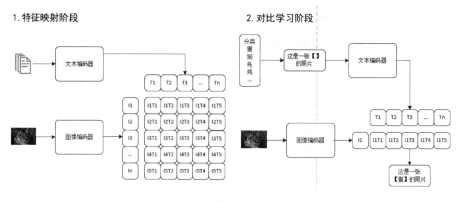

图 5-7

在对比学习阶段，通过计算图像向量嵌入和文本向量嵌入之间的余弦相似度来更新模型的参数，余弦相似度越大，代表图像和文本之间的关联程度越强，反之越弱。模型的训练目标是尽可能地让正样本（即配对的文本和图像）之间的余弦相似度更高，同时尽可能地让负样本（即不匹配的文本和图像）之间的余弦相似度更低，以这样的方式不断地迭代训练来优化神经网络的参数。

预训练好的 CLIP 模型具有很强的泛化能力和零样本推理能力，以图像分类为例，输入一个图像，通过图像编码器获得图像的特征向量嵌入，然后将要划分的类别通过文本编码器依次转换为文本的特征向量嵌入，计算它们之间的余弦相似度，相似度最大的那个为图像的类别标签。

4. CoCa 模型

2022 年 5 月，谷歌公司发布了多模态模型 CoCa（更多细节可参见 Jiahui Yu 等人发表的论文 "CoCa: Contrastive Captioners are Image-Text Foundation Models"）。CoCa 模型融合了解决图像多模态问题的 3 种传统的思路，结合了各自的优势，能够适用于更广泛的任务。

解决图像多模态问题有 3 种传统的思路，分别是使用单编码器模型、双编码器模型、编码器-解码器模型。

单编码器模型指的是整个架构中只存在一个图像编码器的模型。例如，在图像分类任务中，需要使用大批量高质量的图像及对应的类别标签来训练这个图像编码器。单编码器模型在具体的领域中往往能取得不错的效果，但人工标注成本过高，领域迁移能力差，在每个领域中都需要训练一个单独的模型，并且不具备零样本推理能力。

双编码器模型指的是整个架构中存在两个编码器的模型，以文本-图像多模态任务为例，即同时存在文本编码器和图像编码器。这两个不同的编码器对输入的文本和图像分别独立编码，再通过计算其余弦相似度进行模型参数的更新。双编码器模型由于经过了大批量互联网数据的预训练，具有很强的泛化能力和零样本推理能力。但由于双编码器模型分别对文本和图像进行独立编码，在编码过程中缺乏特征的交互和融合，因此在某些需要图像-文本语义共同作用的任务中表现不佳。例如，视觉问答任务，需要共同分析图像和问题的语义来进行回答；视频问答任务，需要共同分析视频和问题的语义来进行回答。

编码器-解码器模型指的是整个架构中同时存在编码器和解码器的模型。例如，在图像描述任务中，通过编码器对图像进行编码，生成图像特征向量嵌入，然后使用解码器将图像特征向量嵌入跨模态地解码成文本描述。这种编码器-解码器结构有助于融合多模态特征，在多模态理解任务中表现较好，但由于缺乏单独的文本编码器，在图像检索、视频检索等任务中表现不佳。

CoCa 模型创造性地将上述 3 种思路进行有效融合，能够分别独立获得图像特征向量和文本特征向量，还能够更深层次地对图像特征和文本特征进行融合。CoCa 模型的原理示意图如图 5-8 所示。

CoCa 模型的整体结构包含了 3 个部分，分别是图像编码器、单模态文本解码器及多模态文本解码器。

图像编码器是独立的，用于对输入的图像进行编码，获取图像的特征向量嵌入。图像编码器可以使用前文中介绍的 Vision Transformer 模型等来充当。

单模态文本解码器是独立的，用于对输入的自然语言文本进行解码，获取文本的特征向量嵌入。单模态文本解码器和图像编码器不产生交互。

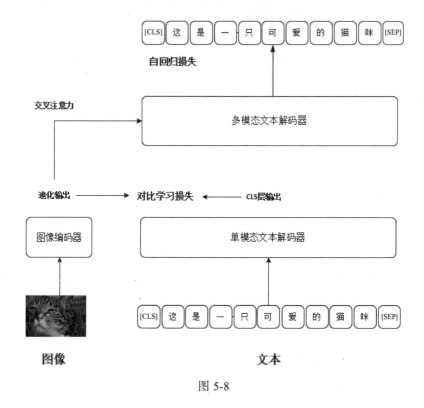

图 5-8

多模态文本解码器建立在单模态文本解码器之上，和图像编码器进行特征的交互融合，并解码输出最后的文本。

CoCa 模型的训练目标主要有两个：第一个是图像编码器和单模态文本解码器的对比学习，使其正样本尽可能地靠近，同时负样本尽可能地远离；第二个是在文本解码和图像编码交互融合之后，能够获得更准确的文本输出。

5. GPT-4

2023 年 3 月 14 日，OpenAI 发布了 GPT-4。GPT-4 是超大规模的多模态预训练模型。外界猜测其参数可能达到 10 万亿 ~ 100 万亿个数量级。GPT-4 可以接受文本、图像信息的输入，生成自然语言文本，目前不支持语音和视频模态。GPT-4 能够很好地理解图像中蕴含的语义信息，并结合用户输入的问题，进行多步推理，给出准确、合理、安全的回答。例如，给定一道物理题，包含了问题前因后果的文本信息，以及工程力学状态的图像信息，GPT-4 能够准确地理解文本和图像中的信息，基于这些信息一步一步推导公式，直到输出准确答案。

GPT-4 支持更长文本的输入，可以输入超过 3 万个字符，对上下文的理解更透彻，在多语言、多任务中的表现全面超过了 GPT-3.5。在图像描述任务中，GPT-4 出现幻觉问题，即描述出图像中不存在的物体的概率大幅度降低。另外，GPT-4 提高了输出的安全性，能够拒绝回答不符合人类价值观的问题，这归功于其训练过程中的强化学习阶段。

6. CoDi 模型

截至 2023 年 7 月，市场上主流的多模态大模型涉及的模态往往只有两个或者 3 个，如文本-图像多模态大模型、文本-语音多模态大模型、文本-图像-视频多模态大模型、文本-图像-语音多模态大模型等。CoDi 模型开创性地提出了可组合扩散技术，这项技术支持模型的输入为文本、图像、语音、视频的任意组合，模型的输出也可以是文本、图像、语音、视频的任意组合（更多细节请参见 Zineng Tang 等人发表的论文 "CoDi: Any-to-Any Generation via Composable Diffusion"）。CoDi 模型的原理示意图如图 5-9 所示。

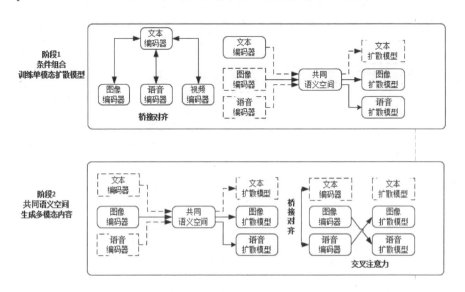

图 5-9

我们先简单地介绍一下扩散模型的概念。传统计算机视觉领域的生成模型主要以生成对抗网络（Generative Adversarial Network，GAN）为核心。这是一种判别模型，具有生成器和判别器两个部分，通过这两个部分的互相对抗，生成的图像质量更高。然而，由于 GAN 的训练时间过长、生成图像的多样性不高，GAN 未能得到进一步发展。后来，扩散模型的概念被提出。扩散是物理学中的一种现象，就是气体分子会由高浓度区域自动地向低浓度区域进行扩散。在信息计算领域模拟这种现象，对于一个图像，我们首先通过逐渐引入噪声来破坏这个图像，直到图像的信息完全丢失，接着通过逐渐去除噪声来重构原来的图像。通过这种方式生成的图像更稳定、更多样，分辨率更高，同时，由于舍弃了对抗训练，其训练速度更快。

CoDi 模型的训练过程主要分为两个步骤。第一步是针对文本、图像、语音、视频模态（因为在后续的处理过程中，图像和视频的处理过程完全一致，所以图像编码器和图像扩散模型也可以分别代表视频编码器和视频扩散模型），分别训练一个潜在的扩散模型。在训练时输入数据可以是组合模态的，投影到共同语义空间，输出数据是单一模态的。第二步是增加输出模态的种类，在第一步的基础上，对每一个潜在的扩散模型都增加一个交叉注意力模块，将不同的潜在扩散模型的特征映射到共同语义空间中。这样，输出模态的种类会进一步多样化。

5.4 大模型+多模态的3种实现方法

我们知道，预训练 LLM 已经取得了诸多惊人的成就，然而其明显的劣势是不支持其他模态（包括图像、语音、视频模态）的输入和输出，那么如何在预训练 LLM 的基础上引入跨模态的信息，让其变得更强大、更通用呢？本节将介绍"大模型+多模态"的 3 种实现方法。

1. 以 LLM 为核心，调用其他多模态组件

2023 年 5 月，微软亚洲研究院（MSRA）联合浙江大学发布了 HuggingGPT

框架，该框架能够以 LLM 为核心，调用其他的多模态组件来合作完成复杂的 AI 任务(更多细节可参见 Yongliang Shen 等人发表的论文"HuggingGPT: Solving AI Tasks with ChatGPT and its Friends in HuggingFace")。HuggingGPT 框架的原理示意图如图 5-10 所示。下面根据论文中提到的示例来一步一步地拆解 HuggingGPT 框架的执行过程。

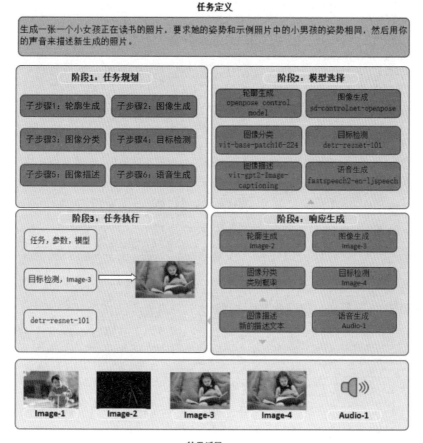

图 5-10

假如现在你要执行这样一个复杂的 AI 任务：生成一张一个小女孩正在读书的照片，要求她的姿势和示例照片中的小男孩的姿势相同，然后用你的声音来描述新生成的照片。HuggingGPT 框架把执行这个复杂 AI 任务的过程分成了 4 个步骤。

（1）任务规划（Task Planning）。使用 LLM 了解用户的意图，并将用户的意图拆分为详细的执行步骤。如图 5-10 左上部分所示，将输入指令拆分为 6 个子步骤。

子步骤 1：根据小男孩的图像 Image-1，生成小男孩的姿势轮廓 Image-2。

子步骤 2：根据提示文本"小女孩正在读书"及小男孩的姿势轮廓 Image-2 生成小女孩的图像 Image-3。

子步骤 3：根据小女孩的图像 Image-3，对图像信息进行分类。

子步骤 4：根据小女孩的图像 Image-3，对图像信息进行目标检测，生成带目标框的图像 Image-4。

子步骤 5：根据小女孩的图像 Image-3，对图像信息进行描述，生成描述文本，并在 Image-4 中完成目标框和描述文本的配对。

子步骤 6：根据描述文本生成语音 Audio-1。

（2）模型选择（Model Selection）。根据步骤（1）中拆分的不同子步骤，从 Hugging Face 平台（一个包含多个模型的开源平台）中选取最合适的模型。对于子步骤 1 中的轮廓生成任务，选取 OpenCV 的 openpose control 模型；对于子步骤 2 中的图像生成任务，选取 sd-controlnet-openpose 模型；对于子步骤 3 中的图像分类任务，选取谷歌的 vit-base-patch16-224 模型；对于子步骤 4 中的目标检测任务，选取 Facebook 的 detr-resnet-101 模型；对于子步骤 5 中的图像描述任务，选取 nlpconnect 开源项目的 vit-gpt2-Image-captioning 模型；对于子步骤 6 中的语音生成任务，选取 Facebook 的 fastspeech2-en- ljspeech 模型。

（3）任务执行（Task Execution）。调用步骤（2）中选定的各个模型依次执行，并将执行的结果返回给 LLM。

（4）响应生成（Response Generation）。使用 LLM 对步骤（3）中各个模型返回的结果进行整合，得到最终的结果并进行输出。

HuggingGPT 框架能够以 LLM 为核心，并智能调用其他多模态组件来处理复杂的 AI 任务，原理简单，使用方便，可扩展性强。另外，其执行效率和稳定性在未来有待进一步加强。

2. 基于多模态对齐数据训练多模态大模型

这种方法是直接利用多模态的对齐数据来训练多模态大模型，5.3 节中介绍了诸多模型，例如 VideoBERT、CLIP、CoCa、CoDi 等都是基于这种思路实现的。

这种方法的核心理念是分别构建多个单模态编码器，得到各自的特征向量，然后基于类 Transformer 对各个模态的特征进行交互和融合，实现在多模态的语义空间对齐。

由此训练得到的多模态大模型具备很强的泛化能力和小样本、零样本推理能力，这得益于大规模的多模态对齐的预训练语料。与此同时，由于训练参数量较大，往往需要较多的训练资源和较长的训练时长。

3. 以 LLM 为底座模型，训练跨模态编码器

这种方法的特色是以预训练好的 LLM 为底座模型，冻结 LLM 的大部分参数来训练跨模态编码器，既能够有效地利用 LLM 强大的自然语言理解和推理能力，又能完成复杂的多模态任务。这种训练方法还有一个显而易见的好处，在训练过程中对 LLM 的大部分参数进行了冻结，导致模型可训练的参数量远远小于真正的多模态大模型，因此其训练时长较短，对训练资源的要求也不高。下面以多模态大模型 LLaVA 为例介绍这种方法的主要构建流程。

2023 年 4 月，威斯康星大学麦迪逊分校等机构联合发布了多模态大模型 LLaVA。LLaVA 模型在视觉问答、图像描述、物体识别、多轮对话等任务中表现得极其出色，一方面具有强大的自然语言理解和自然语言推理能力，能够准确地理解用户输入的指令和意图，支持以多轮对话的方式与用户进行交流，另一方面能够很好地理解输入图像的语义信息，准确地完成图像描述、视觉问答、物体识别等多模态任务。LLaVA 模型的原理示意图如图 5-11 所示。

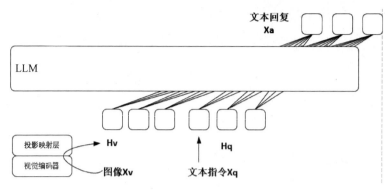

图 5-11

在训练数据上，LLaVA 模型使用了高质量的多模态指令数据集，并且这些数据都是通过 GPT-4 生成的。这个指令数据集包含基于图像的对话数据、详细描述数据和复杂推理数据，共 15 万条，数据的质量和多样性较高。LLaVA 模型将多模态指令数据集应用到了多模态任务上，这是指令微调扩展到多模态领域的第一次尝试。

在模型架构上，LLaVA 模型使用 Vicuna 模型作为文本编码器，使用 CLIP 模型作为图像编码器。第一个阶段，基于 59.5 万条 CC3M 文本-图像对齐数据，训练跨模态编码器，以便将文本特征和图像特征进行语义对齐。这里的跨模态编码器其实是一个简单的投影映射层，在训练时冻结 LLM 的参数，仅仅对投影映射层的参数进行更新。第二个阶段，基于 15 万条多模态指令数据，对多模态大模型进行端到端的指令微调，具体针对视觉问答和多模态推理任务进行模型训练。值得注意的是，LLaVA 模型在训练的第二个阶段会对 LLM 和投影映射层的参数都进行相应的更新，仍然存在一定的时间开销和训练资源依赖，这也是后续研究工作的一个重要方向。

2023 年 5 月 2 日，LLaVA 官方发布了轻量级的 LLaVA Lightning 模型（可以翻译为轻量级的 LLaVA 模型），使用 8 个 RTX A100 型号的显卡，3 小时即可完成训练，总训练成本仅为 40 美元。

5.5　多模态大模型的效果评估

本节将在图像生成、图像描述、视觉问答 3 个多模态任务中直观地展示多模态大模型的效果。本节仅从主观上对实际试用的案例效果进行展示,在后面的章节中将会从评价标准、评测语料等定量的指标上对多模态大模型的效果进行详细分析和对比。

1. 图像生成任务

图像生成任务指的是给定一段自然语言文本描述,根据文本蕴含的语义进行相应的图像生成。

首先,我们让多模态大模型生成一只可爱的猫咪。多模态大模型很轻松地完成了任务,如图 5-12 所示。

接下来,我们增加难度,让多模态大模型画一只蓝色的猫咪,蓝色的猫咪是自然界中极为罕见的,多模态大模型也成功地生成了图像,可见多模态大模型理解了输入文本的语义信息,如图 5-13 所示。

| 图 5-12 | 图 5-13 |

我们再增加一些难度,在描述中增加风格限定、数量限定等要求,多模态大模型也进行了准确的生成,如图 5-14 所示。

图 5-14

2. 图像描述任务

图像描述任务指的是输入一个图像，让多模态大模型描述图像讲述的内容，输出自然语言文本。

首先，我们创建一张虚拟的照片，然后让多模态大模型对照片进行描述，如图 5-15 所示。

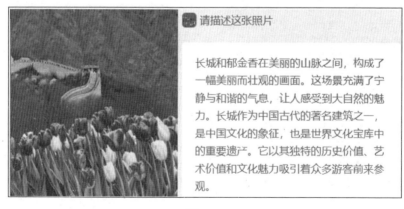

图 5-15

紧接着，我们测试多模态大模型的多语言能力，如图 5-16 所示。

图 5-16

最后，我们尝试让多模态大模型对此情此景作一首现代诗，如图 5-17 所示。

图 5-17

3. 视觉问答任务

视觉问答任务指的是根据图像或视频中描述的内容进行问答，体现了多模态大模型的自然语言理解和推理能力。

从图 5-18 中可以看出，多模态大模型准确地识别出了图像中描绘的城市，并对这个城市拥有哪些著名大学进行了准确回答。

图 5-18

最后，我们用几个例子来一起探索多模态大模型的深层次语义理解能力。

图 5-19 和图 5-20 验证了多模态大模型的深层次语义理解能力。多模态大模型能够识别出图片中不寻常的地方，并进行相应的解释，还能够根据图片中的食物推算出相应的制作方式。

图 5-19

图 5-20

5.6 思考

在多模态学习领域,从行为时代、计算时代、交互时代、深度学习时代到大模型时代的发展过程中诞生了大量优秀的思想、理论创新和技术创新。经过研究者们不断地努力,多模态大模型在文本、图像、语音、视频上的交互已经达到了相当高的水平。

本章首先介绍了多模态模型的发展历史,然后针对单模态学习、多模态学习、跨模态学习 3 个概念,依次列举了其各自的使用场景和优缺点。接着,对在多模态大模型的研究中出现的里程碑式的成就(如 Vision Transformer、VideoBERT、CLIP、CoCa 等模型)进行了创新点和模型原理的解析。为了利用 LLM 强大的自然语言理解和推理能力,同时加速多模态大模型的构建,大模型和多模态的结合共有 3 种主流的实现方法,本章对这 3 种方法进行了阐述。最后,通过多模态大模型在图像生成、图像描述和视觉问答任务中的真实表现,向读者直观地展示了多模态大模型的效果。

第6章　多模态大模型的核心技术

多模态大模型赋予了用户不一样的内容生成能力，即输入一种模态的数据能生成其他模态的内容。由于模态涵盖文本、图像、视频、语音等多种形态的数据，极大地满足了用户跨模态内容生成的需求，所以对多模态大模型的研发一直是商业和学术界的热点。我们认为多模态大模型是 AI 技术未来发展的重要方向。

虽然多模态大模型能满足用户更高级的内容生成需求，但与单一模态的内容生成模型相比，多模态大模型还有不少技术壁垒有待突破。首先是多模态数据集的构建。最开始，多模态数据集（比如 COCO、Visual Genome）主要通过人工标注生成，但因为人工标注难度大，很多场景下被标注的图像数量较少，所以多模态大模型的发展受到了很大限制。后来虽然逐渐出现了非人工标注的多模态数据集，如 Conceptual Captions 3M、Conceptual Captions 12M、ALT200M、ALIGN1.8B、LAION-400M 等，但这些数据的表征往往是两种模态之间的，如图像对文本、文本对视频等，缺乏多个（两个以上）模态之间交互的标注数据集。多个模态之间的数据对齐及面向某一特定领域的多模态数据集构建仍然是难题。

除了数据集构建的困难，多模态的数据表征也是一大难点。数据表征非常复杂，语音和视频一般以信号形式进行表征，文本一般以文字形式进行表征。即便单一模态的文本数据也分为纯文本数据和表格式的离散文本数据，如何将数据统一表征也是一个经久不衰的研究课题和重大挑战。

此外，多个模态之间的转换也一直困扰着行业研究者，因为不仅数据是不同模态的、不同结构的，而且多个模态之间的转换也是开放式的和多样式的，例如将非图像模态转换为图像的正确方法有很多，但是很难存在一种统一的转换模式能理想地适用于任何模态之间的转换。

多模态有巨大的应用价值，虽然问题很多，但是一直是科学界研究的重点方向之一，尤其是自 2023 年 3 月 15 日以来，OpenAI 发布了 GPT-4 多模态大模型，再次掀起了行业对多模态大语言模型（Multimodal Large Language Model，MLLM）的研究浪潮，这同时也预示着全民多模态时代即将到来。

在 5.3 节中，我们详细介绍了促进多模态发展的重大里程碑技术。多模态的技术热点很多，本章将聚焦在文本多模态技术、图像多模态技术、语音多模态技术、视频多模态技术、跨模态多重组合技术、多模态大模型高效的训练方法和 GPT-4 多模态大模型核心技术及多模态技术的发展趋势上。我们将对这些内容进行详细介绍。

6.1　文本多模态技术

本节的文本多模态技术，主要是指能产生文本输出的多模态技术。此外，常见的模态还有图像。本节将重点介绍图像生成文本的多模态技术。

图像生成文本就是以图像为输入，通过数学模型和复杂计算使计算机输出对应图像的自然语言描述文本，让计算机拥有看图说话的神奇能力。这是计算机视觉领域继图像识别、图像分割和目标跟踪之后的又一新型任务。

图像生成文本主要有 3 个方法，分别为基于模板的图像描述方法、基于检索的图像描述方法及基于深度学习的图像描述方法。其中，前两个方法是早期生成图像描述文本的主流方法，这些方法过多地依赖前期的视觉处理过程，对生成图像描述文本的模型优化有限，因此难以生成高质量的图像描述文本，渐渐地变成了非主流方法。所以，本书只是简述这两个方法的原理，将重点介绍基于深度学习的图像描述方法。

6.1.1　基于模板的图像描述方法

在基于模板的图像描述方法中，通常采用固定模板生成句子，使用语法决策树算法构建数据模型，并利用视觉依存表检测图像中的物体、动作和场景等相关元素。支持向量机（SVM）也可以用来构建节点特征，进而检测图像中的物体、动作和场景 3 种元素，并填充预设的模板以产生完整的句子描述。尽管该方法的效果并不理想，但在当时的技术条件下仍具有重要的价值。

6.1.2　基于检索的图像描述方法

基于检索的图像描述方法的原理比较简单，主要是将众多图像描述文本保存在一个描述文本集合中，用于生成图像描述文本。该方法会对待描述的图像与训练集中的图像进行比较，以搜寻相似之处。接着，它会根据最相似的匹配图像，将其描述文本迁移至待描述的图像上，同时做出适当修正。举例来说，我们可以通过收集网络上的大量图像及其标签或描述文本，构建图像描述文本数据库。在需要生成图像描述文本时，系统会计算待描述的图像与数据库中所有图像的全局相似度，并找到最相似的匹配图像。随后，它会把匹配图像的描述文本复制粘贴到待描述的图像上，并进行适当调整和编辑，从而形成新的图像描述文本。

6.1.3　基于深度学习的图像描述方法

2012 年以来，由于神经网络技术不断进步，深度学习已被广泛地运用于计算机视觉和自然语言处理领域。2014 年以后，受编码器-解码器（Encoder-Decoder）模型的启发，技术人员可以采用端到端的学习方法，直接实现图像与描述文本之间的映射，即将图像描述过程转换为图像到描述文本的"翻译"过程。与传统方法相比，深度学习方法可以直接从海量数据中学习图像到描述文本的映射，并生成更精确的描述结果。

Ryan Kiros 等人在 2014 年发表的论文 "Multi-Modal Neural Language Models" 中采用 CNN-RNN 框架，首次利用深度学习算法处理图像描述任务，从而开启了深度学习在图像描述领域的大门。他们将图像的不同区域及其相应文本映射至同一个向量空间，然后使用深度神经网络与序列建模递归神经网络构建了两种不同的多模态神经网络模型，结合单词和图像语义信息实现了文本和图像的双向映射。他们采用的 CNN-RNN 框架以 CNN 为图像编码器，以 RNN 为文本解码器，编码器和解码器之间依靠图像的隐状态连接。

由于该方法只是简单地将图像生成文本任务集成进一个框架，并没有很好地将图像信息和文本信息进行对齐。Kai Xu 等人在 2015 年发表的论文 "Show, Attend and Tell: Neural Image Caption Generation with Visual Attention" 中将注意力机制融入 CNN-RNN 框架，使模型的表征能力大大加强，模型的效果也得到大幅提升。Ryan Kiros 等人的方法保证了当前时刻输出的图像描述文本是由上一时刻的（描述文本）输出决定的，而 Kai Xu 等人的方法则进一步保证，当前时刻的图像描述文本不仅由上一时刻的输出决定，还由图像的特征决定，且图像的特征以不同的权重贡献于不同的输出。

GAN 作为一种无监督的深度学习模型，近年来被广泛地应用于 AI 领域。它由生成器和判别器组成，通过博弈式学习从未标记的数据中学习特征。这样的学习模型天生就非常适合生成任务。Bo Dai 等人受文本生成图像、文本生成视频等应用的启发，将该技术应用于图像描述文本的生成中（参见论文 "Towards Diverse and Natural Image Descriptions via a Conditional GAN"）。该模型的生成器使用 CNN 提取图像特征并加入噪声作为输入，使用 LSTM 网络生成句子，模型的判别器则利用 LSTM 网络对句子（生成器生成的句子和真实的句子）进行编码，然后与图像特征一起处理，得到一个概率值用以约束生成器的质量。

6.2　图像多模态技术

图像这种模态的出现也有上千年的历史了，与文本类似，也是较为古老的一个模态。常见的多模态转换就是文本生成图像或图像生成文本，即使有视频转图像，也更多的是将视频逐帧转换为图像，基本上未包含创造性和创意性的内容。本节的图像多模态技术更多的是聚焦在图像生成和创作上，故本节将重点介绍文本生成图像多模态技术。

文本生成图像模型是一种经典的机器学习模型，一般以自然语言为原始输入，以与语义相关的图像为最终输出。这种模型始于 2010 年左右，随着深度学习技术的成熟而发展。近年来，行业涌现了很多优秀的文本生成图像模型，如 OpenAI 的 DALL-E 2 和 GPT-4、谷歌大脑的 Imagen 和 Stability AI 的 Stable Diffusion、百度的文心一言等，这些模型生成的图像的品质开始接近于真实照片或人类所绘制的艺术作品。

6.2.1 基于 GAN 的文本生成图像方法

学术界公认的第一个现代文本生成图像模型为 AlignDRAW。它于 2015 年由多伦多大学的 Elman Mansimov 等人发布（更多细节请参见论文 "Generating Images from Captions with Attention"）。基于 Microsoft COCO 数据集训练而成的 AlignDRAW 模型主要用于标题生成图像。模型的框架（属于编码器-解码器框架）可以粗略分成两个部分，一部分是基于双向循环神经网络（BiRNN）的文本处理器，另一部分是有条件的绘图网络、变形的深度递归注意力写入器（Deep Recurrent Attentive Writer，DRAW）。由于采用递归变分自动编码器与单词对齐模型的组合模式，AlignDRAW 模型能成功地生成与给定输入标题相对应的图像。此外，通过广泛使用注意力机制，该模型比之前的模型效果更好。

尽管 AlignDRAW 模型的理念在行业中并没有激起太多水花，但编码器-解码器框架一直是文本生成图像技术的中流砥柱。从 2016 年起，GAN 被大量应用于文图对齐的任务中，成为图像生成的新起点。随后行业中出现了很多改进版本，GAN 在 2021 年之前一直是主流文本生成图像技术。GAN 的主要灵感源于博弈论，通过生成器和判别器之间的不断对抗使得生成器学习到数据的分布，从而达到图文对齐的效果，其原理示意图如图 6-1 所示。

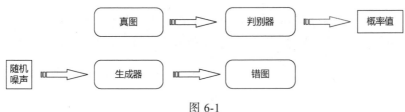

图 6-1

基于 GAN 处理文本生成图像任务的早期大模型是 GAN-INT-CLS，其整体架构如图 6-2 所示（更多细节请参见 Scott Reed 等人发表的论文"Generative Adversarial Text to Image Synthesis"）。GAN-INT-CLS 模型可以分为两个部分，左边为生成器，右边为判别器。左边生成器的输入为文本编码和随机噪声，右边判别器的输入为图像和文本编码。判别器通过判断生成的图像与文本描述是否贴合对齐的训练文本与图像，不断提高两者的贴合度，从而达到良好的生成效果。

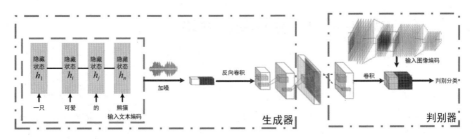

图 6-2

GAN-INT-CLS 模型之后诞生了不少改进版本，如 StackGAN、AttnGAN 等。StackGAN 是两个 GAN 的堆叠（见图 6-3）。两个 GAN 分别为 Stage-I GAN 和 Stage-II GAN（更多细节请参见 Han Zhang 等人发表的论文"StackGAN: Text to Photo-realistic Image Synthesis with Stacked Generative Adversarial Networks"）。

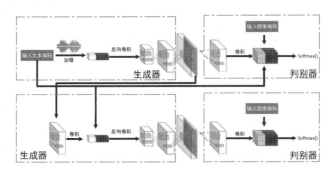

图 6-3

图 6-3 中上方的是 Stage-I GAN，它用于基于描述文本生成一张分辨率较低的图像，图像包含了目标物体的大致形状和颜色信息。图 6-3 中下方的是 Stage-II GAN，它纠正了 Stage-I GAN 中低分辨率图像中的错误，并通过再次读取描述文本来完成对图像的细节描绘，从而生成高分辨率的逼真图像。StackGAN 的两阶段对齐方法提升了文本生成图像在细节上的性能。在 StackGAN 分层理念的启发下，Seunghoon Hong 等人提出了一个新的方法，主要解决高维数据难以映射到像素空间的问题（更多细节请参见论文 "Inferring Semantic Layout for Hierarchical Text-to-Image Synthesis"）。其过程为将整个任务分解为多个子任务分步处理，图片通过 Stage-I GAN、Stage-II GAN 多次拟合文本，粒度从粗到细最终达到精细生成的效果。

6.2.2　基于 VAE 的文本生成图像方法

GAN 在文本生成图像的历史中留下了浓墨重彩的一笔，之后受自编码器（Auto-Encoder，AE）框架等影响，一些科研人员将变分自编码器（Variational Auto-Encoder，VAE）引入文本生成图像领域。VAE 是一种改进版本的自编码器，能够生成具有高随机性和多样性的数据。与传统的自编码器不同，VAE 引入了隐变量的概念，将输入数据压缩到一个低维的潜在空间中，然后从该潜在空间中采样来生成新的数据。

VAE 也是一个编码器-解码器框架，编码器部分负责将输入数据映射到潜在空间中的编码表示，解码器部分则负责将潜在空间中的编码恢复为重构的输出数据。通过最小化重构误差和最大化潜在空间的先验分布与编码后的分布之间的相似性，VAE 在文本生成图像上性能优异。

之后受到 GPT 的影响，研究人员试着将 Transformer 引入文本生成图像任务中，OpenAI 于 2021 年提出了 DALL-E 模型。DALL-E 模型借助 GPT-3 和 GAN 框架来实现文本生成图像功能，其核心流程可以分为两个步骤：编码和解码。由于 DALL-E 模型的参数多达百亿个，所以其性能十分优异。

在 2020 年之前，基于 GAN 和 VAE 处理文本生成图像任务是工业界和学术界的主流，而当前主流的文本生成图像技术当属于扩散模型，扩散模型已然成为当前文本生成模型的标配。

自 2020 年以来，H. Jonathan 等人提出了去噪扩散概率模型（Denoising Diffusion Probabilistic Models，DDPM），CompVis 研发团队提出了 Stable Diffusion 模型，这些新的模型无不使用扩散模型的技术理念，且性能非常好，这也是 2022 年被称为 AIGC 元年的一个重要佐证。

6.2.3 基于扩散模型的文本生成图像方法

扩散模型的理念最早于 2015 年被提出，它通过定义一个马尔可夫链向数据中添加随机噪声，并学习如何从噪声中构建所需的数据样本。该模型的目标是通过扩散将数据逐步转化为所需的形式。与 VAE 或 GAN 不同，扩散模型用固定的程序学习，而且隐变量具有高维度。

扩散模型学习和掌握知识有两个过程，分别是顺扩散过程（$X_0 \rightarrow X_T$）和逆扩散过程（$X_T \rightarrow X_0$）。其中，X_0 表示从真实样本中得到的一张图片，顺扩散过程是逐步加噪声的过程，且是一个生成马尔可夫链的过程，即第 $i+1$ 时刻的 X_{i+1} 仅受前一时刻的 X_i 影响。逆扩散过程是一个逐步剔除噪声，从含噪声图片 X_T 中还原出原图 X_0 的过程，也是一个生成马尔可夫链的过程。

DDPM 是经典的扩散网络，为后续相关模型的研发奠定了基础。DDPM 采用了 U-Net 框架，属于编码器-解码器框架范畴。它对之前的扩散模型进行了简化，并通过变分推理进行建模。其中，编码器实现了顺扩散过程，解码器和编码器相反，将编码器压缩的特征逐渐恢复。DDPM 比之前的所有模型都要优秀，直接将文本生成图像引入了扩散模型时代，之后所采用的扩散模型技术均可以追溯到这一模型。

Stable Diffusion 模型（如图 6-4 所示）的框架由以下 3 个部分组成，分别为文本编码器、图像信息生成器、图像解码器。文本编码器是一种基于 Transformer 的语言模型，采用自回归的编码理念，接收文本提示，生成高维的词嵌入；图像信息生成器主要实现扩散模型的反向过程，去噪声生成图像隐信息；图像解码器把隐信息还原成图像。

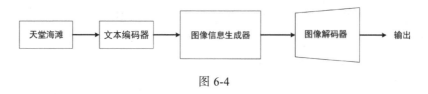

图 6-4

6.3 语音多模态技术

语音模态出现的历史比较短，差不多可以从留声机的发明算起。关于语音的多模态，多半也是文本生成语音，故本节主要介绍文本生成语音技术。文本到语音生成的目标是生成具有高可理解性和自然感的声音信号，这个领域长期以来备受瞩目与重视。尤其近年来，借助神经网络技术的快速发展，采用基于深度学习的语音生成方法已经取得了显著的进步，使得生成语音的品质得到了极大提升。基于这类新方法的语音生成技术虽然仅有约十年的时间积累，但是仍然涌现出众多卓越的研究成果。

6.3.1 基于非深度学习的文本生成语音技术

以前文本生成语音技术主要采用拼接法和参数法，其中拼接法是生成自然、可靠语音最简单的方法，原理如图 6-5 所示。它使用预录制的高质量自然语言声音片段进行组合生成新的声音。这种方法需要先准备好包含语音段和相应拼接单元的语音库，并且在生成阶段获取待生成文本中的拼接单元序列及有关音节发音、音节位置、音节时长、词位置、韵律短语位置、语调短语位置、音节边界和词性等详细信息，随后会遵循特定规则从大规模语音库中预筛选出几个可能的候选语音单元，采用动态规划算法等方法计算距离并选择最佳的生成单元，最后将最佳的生成单元进行波形调整和拼接，生成最终的语音。

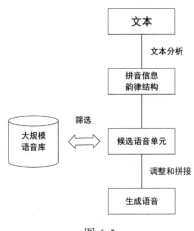

图 6-5

随着统计机器学习技术的发展和大规模语音库可用性的增强，利用统计学习算法构建语音生成系统已经成为现实。例如，使用隐马尔可夫模型（HMM）的文本生成语音系统。该系统主要由 3 个部分组成（如图 6-6 所示）：文本信息提取模块、声学特征提取模块及声学模型模块。在训练期间，该系统会提取文本数据中的各种特征并与声学特征相结合，以此来训练声学模型。在推断阶段，该系统会对待生成的文本进行处理，并使用声学模型来预测所需的声学特征，最终再使用声码器将其转换回语音信号。

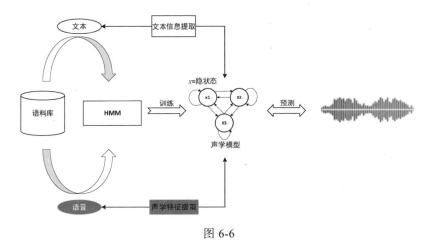

图 6-6

6.3.2 基于深度学习的文本生成语音技术

由于深度学习和神经网络技术迅速发展，现在的端到端语音生成模型已经取代了以往的统计参数语音生成系统，并且整合了多个模块，降低了特征工程的复杂性，提升了生成质量。深度学习技术虽然从 2012 年才开始蓬勃发展，但基于深度学习的端到端的文本生成语音技术已经成了学术界和工业界的主流。下面介绍一下基于深度学习的端到端的文本生成语音技术。

事物的发展都是相互影响的，GAN、VAE 在图像和视频领域的成功应用促使这些技术在语音生成领域的应用落地，比如基于 GAN 的 Parallel WaveGAN、GAN-TTS 和基于 VAE 的 NaturalSpeech 等。

Parallel WaveGAN（PWG）是一种利用 GAN，无须知识蒸馏、快速、小型的波形生成方法（更多细节参见 Ryuichi Yamamoto 等人发表的论文"Parallel WaveGAN: A Fast Waveform Generation Model based on Generative Adversarial Networks with Multi-resolution Spectrogram"）。PWG 是一个非自回归的 WaveNet，通过优化 multi-resolution spectrogram（多分辨率光谱图）和对抗损失，对语音进行建模。PWG 的网络架构包括生成器和判别器两个部分，生成器将输入噪声并行地转换为输出波形，判别器则判断是不是真实语音。

GAN-TTS 是 DeepMind 推出的一种使用 GAN 进行文本转语音的新模型，具备高质量、高效率等生成特性（更多细节请参见 Mikołaj Bińkowski 等人发表的论文"High Fidelity Speech Synthesis with Adversarial Networks"）。GAN-TTS 模型在前向传播层使用 GNN 作为生成器，把多个判别器集成在一起，基于多频率随机窗口进行判别分析。生成器由 7 个如图 6-7 所示的 GBlock 组成，每个 GBlock 中的卷积核都有 4 个，生成器输入的是语言和音调信息，输出的是原始波形。图 6-7 中的 Linear 表示线性变换。

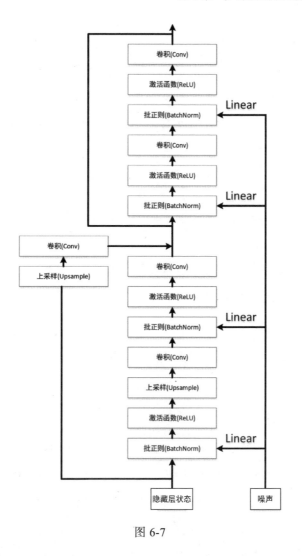

图 6-7

　　GAN-TTS 模型提出了一种名为集成判别器的方法来评估语音生成模型。该方法将多个单独的判别器组合起来，每个判别器都只处理部分语音片段。这些判别器被称为随机窗口判别器（Random Window Discriminator，RWD），它们会针对真实和生成的语音片段进行操作。通过选择不同大小的随机窗口，我们可以在保持计算简便的情况下获得更好的训练效果。与在整个生成的样本上操作的方法相比，集成判别器具有数据增强的效果，并且可以降低计算复杂度。

　　除了 GAN-TTS 模型，NaturalSpeech 也是一个影响较为深远的文本生成语音模型。NaturalSpeech 是由微软发布的一个模型，可以生成与人类水平齐平的高质量语音，并且首次在 LJSpeech 数据集上取得突破性进展。这个模型基于完整的端到端的文本到语音波形生成系统，可以弥补生成语音和真人声音之间的质量差距。该模型使用 VAE 压缩高维语音，并通过连续的帧级表示重建语音波形。此外，NaturalSpeech 模型还采用了双向的预处理/后期流（flow），显著地提升了文本生成语音的质量。

近年来，DDPM 成为一种广受欢迎的非自回归生成模型。与传统的 GAN 和 VAE 相比，DDPM 具有更简单的训练方法，且能够在各种基准图像生成任务中获得出色的生成效果，其性能超越了 GAN。越来越多的学者把扩散模型理念引入文本生成语音任务中，诞生的模型主要包括浙江大学的 FastDiff（更多细节请参见 Rongjie Huang 等人发表的论文 "FastDiff:A Fast Conditional Diffusion Model for High-quality Speech Synthesis"）、微软的 NaturalSpeech 2（更多细节请参见 Kai Shen 等人发表的论文 "NaturalSpeech 2: Latent Diffusion Models are Natural and Zero-shot Speech and Singing Synthesizers"）。

FastDiff 是一个由浙江大学在 2022 年 IJCAI（International Joint Conference on Artificial Intelligence，人工智能国际联合会议）上发布的模型。它包含 3 层降采样块和 3 层条件上采样块。为了有效地对长时间依赖性进行建模，该模型引入了面向时间感知的位置可变卷积（Time-aware Location-variable Convolutions）。此外，位置可变卷积能够高效地编码梅尔频谱和噪声步骤，从而适用于不同的噪声水平。与其他模型相比，FastDiff 模型既可以提供更好的音质，又可以加快训练速度，而且不需要增加模型的计算规模。

NaturalSpeech 2 模型结合了扩散模型的概念，通过使用神经语音编解码器将语音波形转换为连续向量，然后使用解码器重建语音波形。然后，该模型使用潜在扩散模型，以非自回归的方式从文本中预测连续向量。在推理阶段，该模型同时使用潜在扩散模型和神经语音编解码器将文本转换为语音波形。

6.4　视频多模态技术

视频模态的出现比较晚，行业的研究积累也比较少，因此多模态生成视频研究的挑战十分巨大，但是视频与图像密切相关，所以很多时候行业前期在图像上发展和积累的技术会反哺到视频生成领域。本节重点关注文本生成视频多模态技术。

近几年来，文本生成图像方向的研究进展显著，硕果累累。与此同时，文本生成更复杂、更生动的视频是行业的研究热点之一。文本生成视频任务是一项非常新的计算机视觉任务，其要求是根据文本描述生成一系列在时间和空间上都一致的视频，看上去这项任务与文本生成图像极其相似，但是它的难度要大得多。整体而言，无论是扩散文本生成视频模型还是非扩散文本生成视频模型的生成能力都比较差，难以直接满足商业应用需求，造成这一现象的原因主要有以下几个。

（1）缺乏高质量的训练语料。用于文本生成视频的多模态数据集很少，这使得学习复杂的视频中的语义很困难。

（2）训练成本高昂。确保视频帧间的空间和时间一致性会产生长期依赖性，从而带来非常高昂的计算成本，使得大部分研究机构和商业机构难以负担训练此类模型的费用。

（3）准确性问题。用文字合理地描述视频这个问题尚未得到有效解决。

尽管文本生成视频还存在很多难以逾越的鸿沟，但文本生成图像技术的快速发展还是极大地促进了文本生成视频技术的进步。接下来，我们按照时间脉络梳理一下文本生成视频的相关技术。

文本生成视频技术的发展历史和文本生成图像技术的比较相似，大致上可以分为两个发展阶段。第一个发展阶段是以基于非扩散模型的文本生成视频技术为主的时期。第二个发展阶段是以基于扩散模型的文本生成视频技术为主的时期。

在第一个阶段主要受 GAN、VAE 和文本预训练大模型（GPT-3 等）影响，因此在这个阶段的主流模型中基本融入了这些技术思想，比如微软基于 GAN 发布了 TGANs-C 模型（更多细节请参见 Yingwei Pan 等人发表的论文"To Create What You Tell: Generating Videos from Captions"），Yitong Li 等人基于 GAN 和 VAE 发布了混合网络结构 CVAE-GAN（更多细节请参见论文"Video Generation from Text"），Wilson Yan 等人基于 Transformer 发布了 VideoGPT（更多细节请参见论文"VideoGPT: Video Generation Using Vq-Vae and Transformers"）。

在第二个阶段主要受扩散模型的影响，典型的模型有 VDM（更多细节请参见 Ho Jonathan 等人发表的论文"Video Diffusion Models"）和 Imagen Video（更多细节请参见 Ho Jonathan 等人发表的论文"Imagen Video: High Definition Video Generation with Diffusion Models"）等。下面分别详细地介绍这两个阶段的文本生成视频技术。

6.4.1　基于非扩散模型的文本生成视频技术

TGANs-C 模型能够根据标题生成相应的视频，其主要框架如图 6-8 所示，左边为生成器、右边为判别器。生成器分为前后两个部分，前边是基于 Bi-LSTM 网络的文本编码器，后边是为文本特征添加噪声并进行反向卷积的生成器。判别器使用了 3 个 GAN，这是"TGANs-C"名字中"s"的由来，也是 TGANs-C 模型性能强大的原因之一。从图 6-8 右边部分可知判别器可以分为上、中、下 3 个。第一个判别器的目的是区别生成的视频和真实的视频的真假，保证与标题描述对应；第二个判别器的目的是区分对应的视频帧的真假，同样加入了与标题描述的匹配；第三个判别器的目的是在时序上调整前后帧的关系，保证视频的前后帧之间不会有太大的差异。

CVAE-GAN 是一个使用 VAE 和 GAN 的混合框架，通过训练一个判别生

成模型提取文本中静态和动态的信息。CVAE-GAN 主要包括 gist 生成器、Video
生成器及判别器，其中 gist 生成器用于生成背景颜色及目标层次结构，Video
生成器用于从文本中提取动态信息及细节信息，判别器用于保障生成的视频运
动多样性及生成细节信息的准确性。

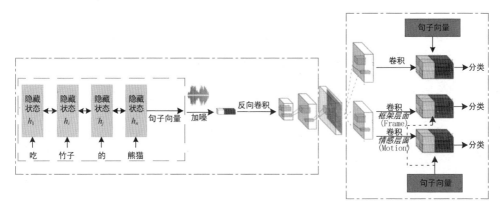

图 6-8

VideoGPT 是一个生成框架，将通常用于图像生成的 VQ-VAE 和
Transformer 模型组合起来用于文本生成视频任务。其中，VQ-VAE 采用三维卷
积和轴向自注意力来学习原始视频的下采样离散潜表示（Discrete Latents）。
VideoGPT 框架的结构简单，容易训练且效果出众，是 Transformer 应用于文本
生成视频任务的典型代表之一。

6.4.2　基于扩散模型的文本生成视频技术

视频扩散模型（Video Diffusion Models，VDM）是早期将图片生成领域久
负盛名的扩散模型用于大规模视频生成任务的框架，并且在很多个数据集上都
生成了非常好的视频结果，可以说它的出现引发了一次基于扩散模型的文本生
成视频潮流。VDM 框架没有改动扩散的训练过程，差别在于：最初的 U-Net
网络只能用于处理图，而要用于生成视频任务还需要将 CNN 升维到 3DCNN，
且 VDM 框架的 U-Net 网络的每一层后面都会带有一个空间注意力块，用于接
收先前的条件信息。

Imagen Video 模型使用级联扩散模型生成高分辨率视频，其主要思路是当单独一个模型不能够生成高分辨率视频时，就堆叠多个小模型来完成任务。Imagen Video 模型有超百亿个参数，主要包含 1 个文本编辑器和 7 个视频扩散子模块、1 个基础视频扩散模型、3 个 SSR（空间超分辨率）扩散模型及 3 个 TSR（时域超分辨率）扩散模型。文本编码器将输入的文本转换为词向量表征，基础视频扩散模型利用文本词向量表征来生成原始的视频，SSR、TSR 扩散模型分别用于提高视频的分辨率和增加视频的帧数。

6.5 跨模态多重组合技术

当模型的输入来自多个模态时，这种跨模态信息融合是比较困难的。一般来说，融合方法可以分为两大类，分别是与模型无关的融合方法和与模型相关的融合方法。

与模型无关的融合方法可以进一步细分为 3 类，分别是早期融合方法、晚期融合方法和混合融合方法。

早期融合方法将多个模态的特征组合在一起，然后逐层连接到更深的神经网络中，最终与分类器或其他模型相连。虽然这种方法只需要训练一个共同的模型，因此具有易于管理和调整的优点，但是由于多个模态的数据来源差异较大，导致了拼接困难，而直接对原始数据进行拼接还容易产生高维度的特征，使得数据预处理变得十分敏感。

晚期融合是另一种多模态融合方法，采用独立训练每个模型的策略，然后在预测阶段将它们融合起来。这种方法具有很好的灵活性，即使某些模态的信息缺失，仍然能够正常训练。但是，由于没有充分利用底层特征之间的相关性，因此可能无法获得良好的效果。此外，由于需要分别训练多个模型，因此模型计算复杂度比较高。

混合融合方法是一种结合了早期融合、晚期融合及中间层特征交互的多模态融合方法。它既考虑了早期融合和晚期融合的优点，也充分发挥了中间层特征的作用。

与模型相关的融合方法也可以分为 3 种，分别为基于深度学习、基于多核学习及基于图形模型的方法。其中，基于深度学习的方法已经成为行业主流。这里重点介绍一项 4 种模态融合的技术，通过这项技术可以实现多模态的输入与输出。该项技术名为可组合扩散（Composable Diffusion，CoDi）。CoDi 是一种全新的生成模型，可以从任意输入模态的任意组合中生成语言、图像、视频或语音等任意组合的输出模态。

CoDi 模型的构建主要分为以下 3 个阶段。

第一个阶段：给每个模态都打造一个潜在扩散模型（Latent Diffusion Model，LDM），进行组合训练。

第二个阶段：通过在每个潜在扩散模型和环境编码器上添加一个交叉注意力模块，可以将潜在扩散模型的潜变量投射到共享空间中，从而进一步增加生成的模态数量，使得生成的模态更丰富多彩。

第三个阶段：CoDi 模型在训练完成时会拥有处理多种类型输入和输出信息的能力。

CoDi 模型通过在扩散过程中建立共享的多模态空间来对齐模态，能够自由地在任意输入组合上进行条件生成，并生成任意一个模态，即使它们在训练数据中不存在。这让 CoDi 模型具有十分强大的多模态推理能力。

6.6　多模态大模型高效的训练方法

自从成为行业热点之后，多模态大模型带动了应用热潮。但是对于大众来说，使用多模态大模型进行全量数据集的训练是难以实现的。因此，行业内出现了许多高效的训练方法，这些方法让科学家和普通开发者能够完成多模态大模型的二次训练。通过查阅大量相关资料，我们总结了以下 3 类高效的训练方法（这里的训练是指在已有底座大模型的基础上使用垂直领域数据进行二次训练）。

第一类高效的训练方法，包括前缀调优（Prefix Tuning）和提示调优（Prompt Tuning）两类方法。Prefix Tuning 在预训练语言模型中固定语言模型的参数，只训练面向特定任务的前缀，从而避免了微调整个模型的巨大开销和存储不够的问题。与离散的 Token 不同，这些前缀实际上是可微调的虚拟 Token（软提示词/连续提示词）。Prefix Tuning 能够更好地解决微调问题，并获得更好的性能表现。Prompt Tuning 是 Prefix Tuning 的简化版本，给每个任务定义了自己的提示词（Prompt），然后将其拼接到数据上作为输入，但只在输入层加入提示词（Token），并且不需要加入多层感知器（Multi-Layer Perceptron，MLP）进行调整来解决难训练的问题。

第二类高效的训练方法，包括 P-Tuning、P-Tuning v2 两类方法。P-Tuning 是一种新型技术，先将 Prompt 转化为可学习的嵌入层，再使用 MLP 和长短时记忆（LSTM）网络对其进行处理，从而提高了模型的性能。P-Tuning v2 是一种通用的解决方案，可以应用于各种自然语言处理任务中，基于深度提示优化技术改进了 Prompt Tuning 和 P-Tuning 算法。

第三类高效的训练方法，包括低秩适配（Low-Rank Adaptation，LoRA）技术、可调整的低秩适配（Adaptive Low-Rank Adaptation，AdaLoRA）技术和量化压缩远程注意力（Quantized Long-Range Attention，QLoRA）技术 3 类方法。这 3 类方法都是低秩分解技术。只不过 AdaLoRA 是在 LoRA 的基础上调整了增量矩分配的技术，而 QLoRA 则是一种将模型压缩到 4 位表征后再进行低秩分解的技术。

上面介绍的 3 类高效的训练方法尤以第三类最为火热，俨然已成为当前大模型微调训练的标配技术。

6.7　GPT-4多模态大模型核心技术介绍

GPT-4 是一个超大的多模态大模型，于 2023 年 3 月 4 日由 OpenAI 发布。GPT-4 比 ChatGPT 性能更优异，且具备多模态输入与输出能力，一经发布就吸引了无数从业者的目光。下面再简单回顾一下 GPT-4 采用的部分核心技术。

（1）Transformer。Transformer 是一个编码器-解码器框架，最早被提出是用于机器翻译任务的，其创新的多头自注意力机制极大地提升了机器翻译任务的准确性，所以很多科研人员都将 Transformer 当成模型创新的基石。Transformer 主要分为编码器层和解码器层，其编码器层衍生出了自编码大模型，如 BERT、RoBERT、ALBERT 等，其解码器层衍生出了自回归大模型，如 GPT-1、GPT-2 等，而完整的 Transformer 则衍生出了 T5、GLM 等。

（2）混合专家（Mixture of Experts, MOE）方法。MOE 方法的原理已经在 3.5 节做了详细介绍，在此不再赘述。公开资料显示，OpenAI 在 GPT-4 中使用了 16 个专家模型，每个专家模型大约有 1110 亿个参数。

（3）多查询注意力（Multi-Query Attention，MQA）机制。这是一种改进的注意力机制，其主要思路是让关键词（key）和值（value）在多个注意力头（Head）之间共享。这并不是一个很新的想法，却是一个很务实的方法，是一个对 GPT-4 而言很重要的技术，可以减少 GPT-4 运行时所需要的内存容量。

（4）推测解码（Speculative Decoding）。该技术利用一个较小、速度较快的模型先解码多个 Token，并将它们作为单个批次（Batch）输入到一个大型预测模型中。如果小模型的预测结果准确，大模型也认可，就能够在单个 Batch 内完成多个 Token 解码；反之，如果大模型否定了小模型的预测结果，那么剩余的部分将被舍弃，接着使用大模型进行解码。

6.8 多模态技术的发展趋势

数据本身是以多模态的形式存在的，大的类别主要有文字、视频、图像、语音，这些信息给人以不同的感官体验，且随着 5G 和自媒体的普及，人们对机器人提供文本、视频、语音等多模态一站式服务体验的需求日益迫切。

多种模态数据之间的信息不仅不是冗余的，而且还能相互补全、相互促进。例如，图像的像素信息无法被文本所蕴含、语音带有的情感信息不能很好地从图像中体现出来等。这些信息对数据的个性化生成有着重要的作用，这就要求从技术层面多模态输入与输出。如何融合多模态需要考虑的点很多，当前这一块也已经有了一些先例，比如 GPT-4 的应用。多模态融合的处女地足够大且可耕耘性也足够强。预计越来越多的深度学习工作者会投身到多模态融合的输入与输出技术研究上。

我们认为多模态融合的输入与输出技术是多模态发展的未来趋势，多模态数据融合有多种方法，其中一种是以某一中间信息（如"文字"）桥接不同模态的信息，让一个大模型能同时处理多个模态的输入与输出，这样既解决了多模态数据缺失的问题，也让多模态能融为一体，从而达到高质量的多模态输出。

另一种是 MOE 方法。这一方法目前也被部分多模态大模型所采用，适用于多模态的信息输入与输出。MOE 方法整合文本、视频、图像、语音的输入与输出，是多模态技术发展的另一个趋势。

第 7 章　国内外多模态大模型对比

在 GPT-4 发布之后，人们发现多模态的高质量输入与输出变成了现实，前景十分广阔，企业如果只是单纯地做语言方面的大模型研究，那么很可能陷入自己的单语言大模型一面世即落后于行业的尴尬境地。为了跟上 OpenAI 的步伐，同时也为了占领多模态的市场，很多大公司和高校都在多模态大模型的研发上发力。所以，自从 OpenAI 发布 GPT-4 以来，国内外产生了一大批多模态大模型。

从 GPT-4 发布至今，虽然时间不长，但涌现的多模态大模型很多。对于多模态大模型的爱好者来说一下子学习并完全掌握这些知识显得有些吃力，一方面是因为知识更新的量太大且还在持续不断更新，让人有一种无从下手的感觉，另一方面是因为这些技术比较新，对于不是从事这方面研究的读者来说难以理解。为此，本章将着重介绍 GPT-4 面世之后涌现的国内外知名的多模态大模型，并比较它们的优缺点，给读者展开一幅更清晰的画卷。

当然，除了关注多模态大模型本身，对多模态大模型的评测也是企业和高校关注的重点。主要原因有以下几个。

（1）对多模态大模型效果的测试很重要，是多模态大模型技术的重要组成部分。

（2）基于相同的多模态大模型评测数据集，可以看出各家技术水平的高低和特色。

（3）评测数据集的设计方法和评测标准反映了构建方对多模态大模型的需求和自我认识，也为同行提供了一个学习他人理念的好机会。

国内外针对多模态大模型的评测数据集和评测方法百花齐放、百家争鸣。在本章中，我们会对这些数据集的构造和评测方法进行介绍，便于读者更进一步了解多模态大模型的全貌。最后，我们将分析现有的多模态大模型的性能，用一些公共的、标准的评测数据集对比一下主要的多模态大模型的优缺点。

7.1 国内多模态大模型介绍

在 GPT-4 发布之后，国内涌现出一大批多模态大模型，本节将重点介绍其中比较有代表性的 3 个模型，分别为 LLaMA-Adapter V2、VisualGLM-6B 和 mPLUG-Owl 模型，希望让读者对国内多模态大模型的最新进展有所了解。

7.1.1 LLaMA-Adapter V2

LLaMA-Adapter V2 是香港中文大学发布的一个支持双语输出的多模态大模型（更多细节请参见 Peng Gao 等人发表的论文 "LLaMA-Adapter V2: Parameter-Efficient Visual Instruction Model"）。作为一个通用的多模态基础模型，它集成了图像、语音、文本、视频和 3D 点云等各种输入，同时还能提供图像和文本输出。目前，网上有公开的 LLaMA-Adapter V2 的试用平台，用户可以参照使用样例来测试 LLaMA-Adapter V2 的性能。

LLaMA-Adapter V2 支持中英文输出，图 7-1 的左侧为输入"write a poem for this picture"（为这幅画写一首诗）指令和一张"泸沽湖湖面"图片，右侧为输出，是多模态大模型为该图片创作的英文诗句。

从图 7-1 的测试效果中可以看出 LLaMA-Adapter V2 的性能十分优异，可以很好地为图片赋诗。LLaMA-Adapter V2 不仅可以充分理解语义，而且其自身携带的丰富的、海量的知识也是普通模型不能比拟的。图 7-2 所示的样例是让 LLaMA-Adapter V2 介绍一下图片中的物体是什么（物体识别），LLaMA-Adapter V2 充分发挥了自身参数多、知识多的优势，详细介绍了"这是一台放置在地面上的白色洗衣机"。

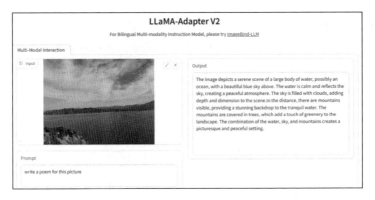

图 7-1

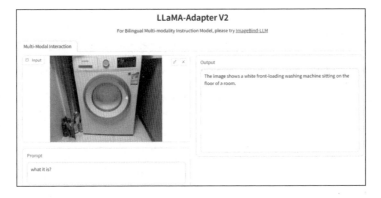

图 7-2

LLaMA-Adapter V2 除了支持英文输入，还支持中文输入。如图 7-3 所示，输入中文"这是什么并介绍一下其用途"，LLaMA-Adapter V2 理解了语义并以英文的形式对问题进行了回答，回答的结果也符合预期。

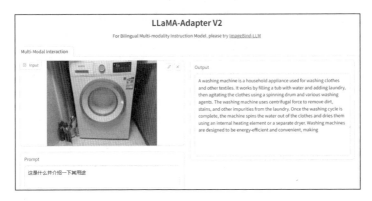

图 7-3

从上述 3 个测试样例中可知，LLaMA-Adapter V2 模型的性能十分优异，拥有双语输入的多模态能力，而且对图片的介绍和描述十分精准，完全符合预期。接下来，我们将简述这个模型的构建过程。

LLaMA-Adapter V2 的初始版本为 LLaMA-Adapter。LLaMA-Adapter 是一种具有可学习适应提示集的 Transformer 模型，引入了新的控制机制来高效地添加新知识和保留模型预训练的知识。这项技术让 LLaMA-Adapter 的训练过程更加高效，并且可以轻松地应用于多模态输入以提升推理能力。

LLaMA-Adapter V2 在 LLaMA-Adapter 的基础上主要做了以下 3 点改进。

（1）在线性层上进行偏差调整。LLaMA-Adapter 采用可学习适应提示集和零初始化注意（Zero-init Attention）机制来整合新知识，并且将指令提示融入 LLaMA 中完成自适应处理指令跟随数据的任务。然而，参数更新仅限于自适应提示和门控因子，无法进行深度微调。为此，LLaMA-Adapter V2 使用了一种偏差调整策略，增加了偏差和比例因子这两个可学习参数，同时也支持动态调整 LLaMA 中的所有规范化层，使得 Transformer 模型中的每个线性层都能够自适应处理指令跟随数据的任务。

（2）为了避免视觉与语言微调产生干扰，研究者提出了一种简单的早期融合策略，旨在阻止输入视觉提示与自适应提示直接相互作用，产生负面影响。在 LLaMA-Adapter 中，输入的视觉提示是通过具备可学习视觉投影层的冻结视觉编码器进行顺序编码的，并在每个插入层中逐步添加到自适应提示中。与此相比，LLaMA-Adapter V2 使用两个独立的 Transformer 层来处理编码的视觉标志和自适应提示，而不是将它们混合在一起。

（3）LLaMA-Adapter V2 利用字幕、检测和 OCR（Optical Character Recognition，光学字符识别）等专家系统来增强视觉指令遵循能力。

这 3 点改进赋予了 LLaMA-Adapter V2 超强的能力。LLaMA-Adapter V2 是目前不可多得的高性能多模态大模型。

7.1.2　VisualGLM-6B

VisualGLM-6B 是由清华大学发布的多模态开源大模型。该模型目前支持图像、中英文的多模态输入。VisualGLM-6B 的语言模型来源于 ChatGLM-6B 模型，而图像模型则通过 BLIP2-Qformer 训练而成。Q-Former 是一个轻量级 Transformer，主要充当二者之间的"沟通"桥梁。

VisualGLM-6B 是开源的，用户可以直接从知名平台 Hugging Face 上下载。由于 VisualGLM-6B 的参数只有 78 亿个，所以其在普通的 RTX 3090 型号的显卡上可以运行。在推理阶段，16 位的 VisualGLM-6B 需要 16GB 显存，8 位的 VisualGLM-6B 需要 11.2GB 显存，而 4 位的 VisualGLM-6B 只需要 8.7GB 显存。

与 LLaMA-Adapter V2 支持中英文输入不同，VisualGLM-6B 只支持中文输入和输出。图 7-4 所示的测试样例展示了 VisualGLM-6B 的多模态理解能力。

图 7-4

ChatGLM-6B 虽然只有 62 亿个参数，但是能力很强，在中文流行测试集 SuperCLUE 及 C-Eval 上表现优异。图 7-5 所示的样例是让 VisualGLM-6B 介绍一下这幅画，该输入图片十分灰暗，对多模态大模型的识别能力要求很高。但是 VisualGLM-6B 充分发挥了自身参数多、知识多的优势，对灰暗图片的处理得心应手。

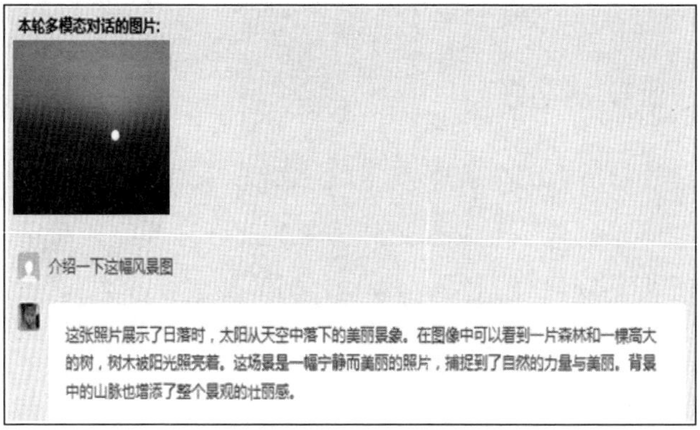

图 7-5

从上述示例中可以看出，VisualGLM-6B 具备不俗的中文多模态能力，而其背后的功臣就是 ChatGLM。ChatGLM 是 KEG 实验室与智谱 AI 联合开发的对话语言模型，基于千亿个参数的模型 GLM-130B。该模型经过持续的文本和代码预训练，运用有监督微调等技术，可实现人类意图对齐，具有多种功能（如文案创作、信息提取、角色扮演、问答及聊天等）。2023 年 3 月 14 日，ChatGLM-6B 开源版发布，迅速受到众多开发者和用户青睐，连续 12 天荣登 Hugging Face 平台的全球大模型下载排行榜之首。

ChatGLM-6B 的底层框架是 GLM，是基于 Transformer 的编码器–解码器架构，主要做了以下 4 处改进。

（1）重新调整归一化和残差连接的顺序，可以有效地防止数字错误。

（2）仅使用单一的线性层来输出令牌预测。

（3）用 GeLU 激活函数取代了 ReLU 函数。

（4）ChatGLM-6B 在 GLM 框架下，专门针对中文问答和对话进行了优化。该模型通过超大规模的中英双语训练及有监督微调、基于人工反馈的强化学习等技术的应用而形成，具有 62 亿个参数。

7.1.3 mPLUG-Owl

mPLUG-Owl 是阿里巴巴达摩研究院于 2023 年 5 月发布的一个基于模块化

实现的多模态大模型(更多细节请参见 Qinghao Ye 等人发表的论文"mPLG-Owl: Modularization Empowers Large Language Models with Multimodality")。mPLUG-Owl 延续了 mPLUG 系列的模块化训练思想,将 LLM 迁移为一个多模态大模型。

mPLUG-Owl 的整体架构包含 3 个部分:视觉基础模块(采用开源的 ViTL-L)、视觉抽象模块及预训练的语言模型(LLaMA-7B)。其中,视觉抽象模块将图像特征提炼为易于学习的 Token,然后与文本查询一起送入语言模型中,以生成相应的回复内容。

mPLUG-Owl 不但支持图片、英文的输入,甚至还支持视频的输入,表现出极其强大的多模态统一能力,但是其底座模型是 LLaMA 大模型,且微调的过程中并不含有中文数据,所以 mPLUG-Owl 在中文上的能力相对而言比较欠缺。

mPLUG-Owl-7B(表示 70 亿个参数的 mPLUG-Owl 模型)已经在 GitHub 网站上开源了,使用者可以免费下载,且在相同参数量的情况下其耗费的资源比 VisualGLM-6B 更少。mPLUG-Owl-7B 的图文输入方式与前面的多模态大模型一样,都是上传图片并给出相应的指令。在运行后,mPLUG-Owl 给出文本的输出。如图 7-6 所示,mPLUG-Owl-7B 的输出结果还是很优秀的。

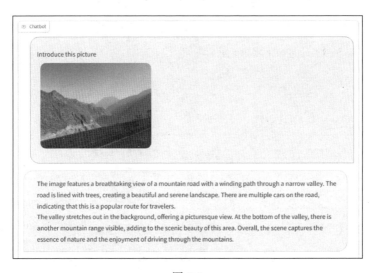

图 7-6

我们发现，当输入的图片与训练的数据的分布差异较大时，mPLUG-Owl-7B 输出的结果不太理想，这说明模型的迁移能力不够强。例如，输入谷歌的图片，并让其对图片进行介绍。测试发现，模型输出的结果并不理想，如图 7-7 所示。

图 7-7

7.2 国外多模态大模型介绍

除了国内有很多性能优秀的多模态大模型，国外也诞生了一大批性能优秀的多模态大模型。本节将重点介绍 3 个知名的国外多模态大模型，分别为 Visual ChatGPT、InstructBLIP 和 MiniGPT-4。

7.2.1 Visual ChatGPT

微软亚洲研究院于 2023 年 3 月 9 日发布了可视化版本的 ChatGPT，名为 Visual ChatGPT（更多细节请参见 Chenfei Wu 等人发表的论文"Visual ChatGPT: Talking, Drawing and Editing with Visual Foundation Models"），同时将其基础代码上传至 GitHub 平台，仅一周就收获了 19 700 个 Star。通过连接 ChatGPT 和一系列视觉模型，Visual ChatGPT 允许用户在文本和图像之间与 ChatGPT 互动并执行更复杂的视觉命令，从而促进多个模型协作和融合。该模型能够有效地理解并回答基于文本和基于视觉的输入，消除将文本转换为图像的障碍和信息衰减，大幅度提高 AI 工具之间的互操作性。因为 Visual ChatGPT 使用 ChatGPT 为核心语言模型，所以我们将其归纳到国外的多模态大模型中。

目前，ChatGPT 只能通过接口访问，而 Visual ChatGPT 只是将 ChatGPT 和视觉模型串联起来，但是从其项目的火爆程度中可以看到 Visual ChatGPT 具有较大的影响力。从它的论文案例中可知，Visual ChatGPT 能有效地发挥出语言模型和视觉模型各自的作用，实现文本和视频之间的多模态生成。

Visual ChatGPT 之所以具有强大的多模态处理能力，主要是因为 Visual ChatGPT 采用了一种非常聪明的方法来增强 ChatGPT 对视觉模型的理解与表现。与传统的重新训练相比，它只需要通过一组特殊的提示就可以引导 ChatGPT 学习来自 22 个视觉模型的知识。这些提示清晰地描述了每个视觉模型的能力及输入/输出格式，并且将不同类型的视觉信息转化为语言形式，使得 ChatGPT 能够更深刻地理解图像内容。基于深入研究和评估，我们发现，Visual ChatGPT 在零样本迁移任务中也具有卓越的性能。

7.2.2　InstructBLIP

InstructBLIP 模型是 BLIP 模型的研究团队开发的一种用于多模态领域的模型（更多细节请参见 Wenliang Dai 等人发表的论文 "InstructBLIP: Towards General- Purpose Vision-Language Models with Instruction Tuning"）。

InstructBLIP 支持英文的多轮对话形式的多模态信息融合，且融合的效果较好。如图 7-8 所示，给出猫咪睡觉的图，并给出指令让 InstructBLIP 给图片起一个名字。InstructBLIP 分析并给出了一个标题。从测试结果来看，InstructBLIP 对多模态的输入有很强的理解能力。

紧接着输入一张植物图，如图 7-9 所示，测试 InstructBLIP 能否精准分辨并识别图中的物体是什么。从测试结果中可以看出，InstructBLIP 十分智能，能精准识别出该物体是植物。下一步的优化方向是精准识别是何类植物。

图 7-8

图 7-9

　　InstructBLIP 的框架如图 7-10 所示，Q-Former 是一种能够从冻结的图像编码器的输出嵌入中提取引导性视觉特征的模型。这些视觉特征被作为软提示输入到语言模型中，并利用语言模型损失对模型进行指导式训练，以此生成回答。Q-Former 的内部结构如图 7-10 中右侧所示。可学习的查询通过自注意力和说明交互，还通过跨注意力和输入图像的特征交互，以鼓励提取与任务相关的图像特征。

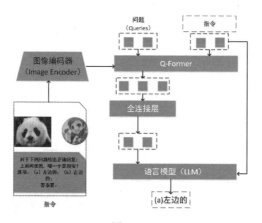

图 7-10

7.2.3　MiniGPT-4

MiniGPT-4 是一个开放源代码的聊天机器人，具有图像理解功能，并且使用 Vicuna-13B LLM 和 BLIP-2 视觉语言模型作为其核心技术（更多细节请参见 Deyao Zhu 等人发表的论文 "MiniGPT-4: Enhancing Vision-Language Understanding with Advanced Large Language Models"）。除了可以描述图片、回答与图片相关的问题，该机器人还可以通过手绘网页草图自动生成对应的 HTML（超文本标记语言）代码。从技术角度来看，MiniGPT-4 的结构简单（见图 7-11），主要包括以下 3 个部分。

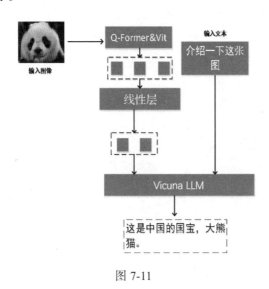

图 7-11

（1）带有预训练的 ViT 和 Q-Former 视觉编码器。

（2）单独的线性层。

（3）Vicuna LLM。

从性能角度来说，MiniGPT-4 仅需要进行线性层的训练，就可以让视觉特征与 Vicuna LLM 保持一致，由此可见其性能十分强大。

图 7-12 是一个比较抽象的测试样例，通过图片只能隐约看到几根枝杈，但是 MiniGPT-4 能正确输出图片展示的树木的景象。

图 7-12

再举一个测试样例，如图 7-13 所示，输入的是一张十分复杂的日出观景图，包含的像素点很多，而且背景十分昏暗。测试发现，MiniGPT-4 也能针对这种包含多个像素点的复杂图像进行语义识别，并精确地回答出问题的答案。

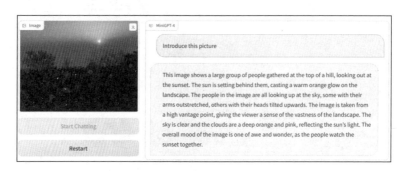

图 7-13

因此，从上述两个测试样例中可以发现，MiniGPT-4 具备不俗的多模态解析能力。

7.3 多模态大模型评测数据集

工业界和学术界在推出各个多模态大模型的同时也创造出了很多评测数据集。借助这些评测数据集，科研人员希望可以了解和评测各个多模态大模型的性能，也可以了解各个多模态大模型存在的缺陷，便于进一步对多模态大模型进行优化。本节分别介绍国内外比较出名的 4 个评测数据集。

7.3.1　国内评测数据集

mPLUG-Owl 被发布时，也附带了评测数据集 OwlEval。OwlEval 数据集主要用来评测模型的文本生成能力，虽然只包含 50 张图片和 82 个问题，但涵盖故事生成、广告生成和代码生成等多类任务，其中部分图片还有多个相关的问题（涉及多轮对话任务）。这些问题全面评测了模型多个维度的能力，比如指令理解、视觉理解、图片上文字理解及视觉推理等。

MME 是腾讯优图实验室联合厦门大学新建的评测数据集，主要用来衡量当前已有的多模态大模型的能力，以便为各个模型的评比统一度量衡（更多细节请参见 Chaoyou Fu 等人发表的论文"MME: A Comprehensive Evaluation Benchmark for Multimodal Large Language Models"）。MME 是一种涵盖感知和认知能力测试的评测数据集，对于感知能力测试而言，除了测试 OCR 能力，还测试粗糙和精细两种对象识别能力，前者用于识别物体的存在、数量、位置和颜色，而后者则可以识别电影海报、名人、场景、地标和艺术品等。认知能力测试包括常识推理、数值计算、文本翻译和代码推理等多项内容。

MME 数据集的所有指令-答案对都是工程师手动设计的。MME 数据集的指令设计比较简洁，避免了提示工程对模型输出的影响，这对所有模型都是公平的。

同时，为了便于统计结果，MME 数据集的指令结果设计为"请回答是或否"，测试人员可以根据对话大模型输出"是"或"否"很容易地对结果定量统计，从而做到客观且准确。

7.3.2　国外评测数据集

COCO 的全称是 Common Objects in Context，该数据集是微软负责构建的，包含多项检测任务数据集，比如 Object Detection（主要用于目标检测）、

DensePose（主要用于姿态密度检测）、Keypoints（主要用于关键点检测）、Stuff（主要用于其他物品检测，处理草、墙、天等）、Panoptic（主要用于场景分割）和 Captions（主要用于字幕标注）。

VQA（Visual Question Answer，视觉问答）是一个新的数据集，包含关于图像的开放式问题。要想正确回答这些问题，就需要对视觉、语言和常识知识深入理解。它主要涉及计算机视觉、自然语言处理和知识表示与推理等领域。VQA 数据集含有 265 016 张图片。每张图片至少有 3 个问题（平均 5.4 个问题）。每个问题有 10 个基本事实答案，有 3 个合理（但可能不正确）的答案。

7.4 多模态大模型的评测标准

7.3 节介绍了 4 个评测数据集，本节将侧重点放到介绍数据集评测的标准上。通过分析上述 4 个数据集的评测标准，读者可以进一步了解多模态大模型的测试细则。

7.4.1 国内评测标准

OwlEval 数据集主要通过人工标注得分，受限于目前并没有合适的自动化指标，评测时参考 Self-Intruct 对模型的回复内容进行人工评测，打分规则为 A="正确且令人满意"，B="有一些不完美，但可以接受"，C="理解了指令但是回复内容存在明显错误"，D="完全不相关或者不正确的回复内容"。

MME 数据集的评测结果有两类，分别是二分类的"是"或"否"，因此可以方便地用来衡量模型的精度（Accuracy）和精度+（Accuracy+）。精度+更好地反映了模型对整张图片的全面理解程度。除此之外，MME 数据集的构建者还将准确度和准确性这两个指标进行融合得出某个子任务的分数，而模型的感知分数则是所有子任务的分数之和。

7.4.2　国外评测标准

微软的 COCO 数据集的评测指标可以采用 mAP（mean Average Precision，各类平均精度的平均值），图 7-14 所示为 COCO 官方的评测指标示意图，显示了平均精度（Average Precision，AP）的计算过程。

```
Average Precision (AP):
  AP                    % AP at IoU=.50:.05:.95 (primary challenge metric)
  AP^IoU=.50            % AP at IoU=.50 (PASCAL VOC metric)
  AP^IoU=.75            % AP at IoU=.75 (strict metric)
AP Across Scales:
  AP^small              % AP for small objects: area < 32^2
  AP^medium             % AP for medium objects: 32^2 < area < 96^2
  AP^large              % AP for large objects: area > 96^2
Average Recall (AR):
  AR^max=1              % AR given 1 detection per image
  AR^max=10             % AR given 10 detections per image
  AR^max=100            % AR given 100 detections per image
AR Across Scales:
  AR^small              % AR for small objects: area < 32^2
  AR^medium             % AR for medium objects: 32^2 < area < 96^2
  AR^large              % AR for large objects: area > 96^2
```

图 7-14

在目标检测领域中，通常使用交并比（Intersection Over Union，IOU）来评测模型性能。设置 IOU 有两种方法。第一种方法是将 IOU 从 0.5 到 0.95 设置 0.05 的间隔，分别计算出 mAP，最后求平均数。第二种方法是根据 IOU 分别为 0.5 和 0.75 的阈值来计算特定的平均精度。除此之外，还存在针对不同尺寸物体的多个 mAP，它们分别表示小物体、中等物体和大物体。平均召回率（Average Recall，AR）也是一种常见的度量方式。

其他常见的用于 VQA 数据集的评测指标还有 PLCC（Pearson Linear Correlation Coefficient，皮尔逊线性相关系数）、SROCC（Spearman Rank Order Correlation Coefficient，斯皮尔曼秩相关系数）、KROCC（Kendall Rank Order Correlation Coefficient，肯德尔秩相关系数）和 RMSE（Root Mean Square Error，均方根误差）。

7.5 多模态大模型对比

前几节介绍了国内外 6 个多模态大模型、4 个评测数据集和评测标准。在这些评测数据集里数据集越新往往越具有后发优势，因为使用这些数据集可以有效地对比更多已经发布的多模态大模型的评测结果，其应用会更广泛。

MME 是一个非常新的多模态大模型的评测数据集，对 12 个多模态大模型进行了评测，具体的评测模型见表 7-1。

表 7-1

模型	研发机构
BLIP-2	Salesforce 研究院
LLaVA	微软研究院
MiniGPT-4	阿卜杜拉国王科技大学
LLaMA-Adapter V2	OpenAI
Multimodal-GPT	香港中文大学
InstructBLIP	MetaAI
VisualGLM-6B	清华大学
Otter	南洋理工大学
PdandaGPT	腾讯 AI 实验室
LaVIN	厦门大学
ImageBind	MetaAI
mPLUG-Owl	阿里巴巴达摩研究院

评测这 12 个多模态大模型共产生了 15 个榜单，每一个榜单都代表了某个维度的评测排名结果。MME 数据集从感知能力和认知能力两个维度对比了这 12 个多模态大模型，下面分别进行介绍。

7.5.1 感知能力评测

在感知能力排名中，BLIP-2、InstructBLIP 和 LLaMA Adapter-V2 位居前三名，紧随其后的是 mPLUG-Owl 和 LaVIN，它们的感知得分分别为 1293.84、1212.82、972.67、967.35 和 963.61，见表 7-2。

表 7-2

排名	模型	得分
1	BLIP-2	1293.84
2	InstructBLIP	1212.82
3	LLaMA-Adapter V2	972.67
4	mPLUG-Owl	967.35
5	LaVIN	963.61
6	MiniGPT-4	855.58
7	ImageBind	775.77
8	VisualGLM-6B	705.31
9	Multimodel-GPT	654.73
10	PandaGPT	642.59
11	LLaVA	502.82
12	Otter	483.73

　　下面分别从粗粒度识别、细粒度识别两个大类，总共 9 项具体任务出发，深入评测多模态大模型的感知能力。粗粒度识别任务主要包含物品存在判断（Existance）、计数（Count）、位置判断（Positon）和颜色识别（Color）4 项任务。细粒度识别任务主要包含海报识别（Poster）、名人识别（Celebrity）、场景识别（Scene）、地标识别（Landmark）和艺术品识别（Artwork）5 项任务。

　　表 7-3～表 7-6 分别展示了每个粗粒度识别任务的得分排名情况。在判断目标是否存在的任务中（见表 7-3），InstructBLIP 和 LaVIN 取得了最高分 185 分，正确率达到 95%，而 BLIP-2 和 ImageBind 则分列第二名和第三名。计数、位置判断和颜色识别任务的评测结果分别参见表 7-4～表 7-6，InstructBLIP、BLIP-2 及 MiniGPT-4 位于前三名。

　　表 7-7～表 7-11 分别展示了各个细粒度识别任务的得分排名情况。在海报识别方面，BLIP-2、mPLUG-Owl 和 InstructBLIP 的成绩最好，而在名人识别方面，这三者依旧保持着类似的高水平。在场景识别方面，InstructBLIP、LLaMA-Adapter V2 和 VisualGLM-6B 处于领先地位。mPLUG-Owl 在地标识别方面表现最佳，而在艺术品识别方面，BLIP-2、InstructBLIP 和 mPLUG-Owl 都取得了优异的成绩。

表 7-3

排名	模型	得分
1	InstructBLIP	185.00
1	LaVIN	185.00
2	BLIP-2	160.00
3	ImageBind	128.33
4	mPLUG-Owl	120.00
4	LLaMA-Adapter V2	120.00
5	MiniGPT-4	115.00
6	VisualGLM-6B	85.00
7	PandaGPT	70.00
8	Multimodel-GPT	61.67
9	LLaVA	50.00
10	Otter	48.33

表 7-4

排名	模型	得分
1	InstructBLIP	143.33
2	BLIP-2	135.00
3	MiniGPT-4	123.33
4	LaVIN	88.33
5	ImageBind	60.00
6	Multimodel-GPT	55.00
7	mPLUG-Owl	50.00
7	LLaMA-Adapter V2	50.00
7	VisualGLM-6B	50.00
7	Otter	50.00
7	PandaGPT	50.00
7	LLaVA	50.00

表 7-5

排名	模型	得分
1	MiniGPT-4	81.67
2	BLIP-2	73.33
3	InstructBLIP	66.67
4	LaVIN	63.33
5	Multimodel-GPT	58.33
6	mPLUG-Owl	50.00
6	Otter	50.00
6	PandaGPT	50.00
6	LLaVA	50.00
7	LLaMA-Adapter V2	48.33
7	VisualGLM-6B	48.33
8	ImageBind	46.67

表 7-6

排名	模型	得分
1	InstructBLIP	153.33
2	BLIP-2	148.33
3	MiniGPT-4	110.00
4	LLaMA-Adapter V2	75.00
4	LaVIN	75.00
5	ImageBind	73.33
6	Multimodel-GPT	68.33
7	mPLUG-Owl	55.00
7	VisualGLM-6B	55.00
7	Otter	55.00
7	LLaVA	55.00
8	PandaGPT	50.00

表 7-7

排名	模型	得分
1	BLIP-2	141.84
2	mPLUG-Owl	136.05
3	InstructBLIP	123.81
4	LLaMA-Adapter V2	99.66
5	LaVIN	79.59
6	PandaGPT	76.53
7	VisualGLM-6B	65.99
8	ImageBind	64.97
9	Multimodel-GPT	57.82
10	MiniGPT-4	55.78
11	LLaVA	50.00
12	Otter	44.90

表 7-8

排名	模型	得分
1	BLIP-2	105.59
2	InstructBLIP	101.18
3	mPLUG-Owl	100.29
4	LLaMA-Adapter V2	86.18
5	ImageBind	76.47
6	Multimodel-GPT	73.82
7	MiniGPT-4	65.29
8	PandaGPT	57.06
9	VisualGLM-6B	53.24
10	Otter	50.00
11	LLaVA	48.82
12	LaVIN	47.36

表 7-9

排名	模型	得分
1	InstructBLIP	153.00
2	LLaMA-Adapter V2	148.50
3	VisualGLM-6B	146.25
4	BLIP-2	145.25
5	LaVIN	136.75
6	mPLUG-Owl	135.50
7	PandaGPT	118.00
8	ImageBind	113.25
9	MiniGPT-4	95.75
10	Multimodel-GPT	68.00
11	LLaVA	50.00
12	Otter	44.25

表 7-10

排名	模型	得分
1	mPLUG-Owl	159.25
2	LLaMA-Adapter V2	150.25
3	BLIP-2	138.00
4	LaVIN	93.50
5	VisualGLM-6B	83.75
6	InstructBLIP	79.75
7	Multimodel-GPT	69.75
7	PandaGPT	69.75
8	MiniGPT-4	69.00
9	ImageBind	62.00
10	LLaVA	50.00
11	Otter	49.50

7.5.2 认知能力评测

认知能力评测可以分成 4 个子任务，即常识推理（Commonsense Reasoning）、数值计算（Numerical Calculation）、文本翻译（Text Translation）和代码推理（Code Reasoning）。表 7-12 ~ 表 7-15 分别展示了每个子任务的得分排名情况。

表 7-11

排名	模型	得分
1	BLIP-2	136.50
2	InstructBLIP	134.25
3	mPLUG-Owl	96.25
4	LaVIN	87.25
5	VisualGLM-6B	75.25
6	ImageBind	70.75
7	LLaMA-Adapter V2	69.75
8	Multimodel-GPT	59.50
9	MiniGPT-4	55.75
10	PandaGPT	51.25
11	LLaVA	49.00
12	Otter	41.75

表 7-12

排名	模型	得分
1	InstructBLIP	129.29
2	BLIP-2	110.00
3	LaVIN	87.14
4	LLaMA-Adapter V2	81.43
5	mPLUG-Owl	78.57
6	PandaGPT	73.57
7	MiniGPT-4	72.14
8	LLaVA	57.14
9	Multimodel-GPT	49.29
10	ImageBind	48.57
11	VisualGLM-6B	39.29
12	Otter	38.57

表 7-13

排名	模型	得分
1	LaVIN	65.00
2	LLaMA-Adapter V2	62.50
2	Multimodel-GPT	62.50
3	mPLUG-Owl	60.00
4	MiniGPT-4	55.00
4	ImageBind	55.00
5	PandaGPT	50.00
5	LLaVA	50.00
6	VisualGLM-6B	45.00
7	BLIP-2	40.00
7	InstructBLIP	40.00
8	Otter	20.00

表 7-14

排名	模型	得分
1	mPLUG-Owl	80.00
2	BLIP-2	65.00
2	InstructBLIP	65.00
3	Multimodel-GPT	60.00
4	PandaGPT	57.50
5	LLaVA	57.50
6	MiniGPT-4	55.00
7	ImageBind	50.00
7	LLaMA-Adapter V2	50.00
7	VisualGLM-6B	50.00
8	LaVIN	47.50
9	Otter	27.50

在认知能力评测排名中,如表 7-16 所示,MiniGPT-4、InstructBLIP 和 BLIP-2 位居前三名,紧随其后的是 mPLUG-Owl 和 LaVIN。

在常识推理方面,InstructBLIP 和 BLIP-2 依旧胜出,特别是 InstructBLIP,得分达到了 129.29 分,见表 7-12。在数值计算(见表 7-13)和文本翻译(见表 7-14)方面,尽管问题难度适中,但这些多模态大模型的表现都不太好,未能取得超过 80 分的成绩,说明多模态大模型在这些方面还需要大幅改进。相比之下,MiniGPT-4 在代码推理方面表现突出,得分高达 110 分,远远领先于其他竞争者,见表 7-15。

表 7-15

排名	模型	得分
1	MiniGPT-4	110.00
2	BLIP-2	75.00
3	ImageBind	60.00
4	mPLUG-Owl	57.50
4	InstructBLIP	57.50
5	LLaMA-Adapter V2	55.00
5	Multimodel-GPT	55.00
6	Otter	50.00
6	LLaVA	50.00
6	LaVIN	50.00
7	VisualGLM-6B	47.50
7	PandaGPT	47.50

表 7-16

排名	模型	得分
1	MiniGPT-4	292.14
2	InstructBLIP	291.79
3	BLIP-2	290.00
4	mPLUG-Owl	276.07
5	LaVIN	249.64
6	LLaMA-Adapter V2	248.93
7	PandaGPT	228.57
8	Multimodel-GPT	226.79
9	LLaVA	214.64
10	ImageBind	213.57
11	VisualGLM-6B	181.79
12	Otter	136.07

7.6 思考

本章介绍了 6 个国内外知名的多模态大模型,分别是国内的 LLaMA-

Adapter V2、VisualGLM、mPLUG-Owl，国外的 Visual ChatGPT、InstructBLIP 及 MiniGPT-4。通过对这些多模态大模型的介绍，我们向读者展示了 AIGC 时代多模态大模型的生态路线，便于读者日后筛选多模态大模型。

仔细研究这些多模态大模型，可以发现，国内虽然有很多多模态大模型，但是它们对多语言支持的能力比较弱，此外基本上都是封闭的和不开源的。希望未来有越来越多的中文开源的多模态大模型涌现，助力中国走向世界。

除了介绍上述 6 个多模态大模型，本章也介绍了国内外常用的 4 个评测数据集及其评测标准，让读者了解了当前多模态大模型评测的方向和指标。这主要基于以下几点考虑：①多模态大模型的训练和评测是分不开的；②多模态大模型的评测进步对多模态大模型的发展能起到重要的推进作用；③多模态大模型的评测目前还有很多缺陷，需要我们一起努力解决。

第8章　中小公司的大模型构建之路

2022 年年底，ChatGPT 的发布标志着对话大模型时代的到来。对话大模型已经开始对工业界产生巨大影响。这一影响是不可逆的，无论你是否有准备，大模型时代都到来了。在这个大背景下，每个企业都应该有自己关于大模型研发或应用的计划，路径相对比较明确，要么重新训练一个大模型，要么在开源的大模型基础上做二次优化，要么采购第三方解决方案。

对于大模型的定义，目前学术界和工业界并没有统一，但普遍认为，大模型的参数至少要达到几十亿个级别。面对如此多的参数，在训练大模型时，为了提高效率，一方面要尽可能优化训练过程，另一方面要尽可能压缩模型的大小，尤其中小公司对这两个方面的需求更显得无比强烈，这有助于大幅降低研究和应用成本。面对这些问题，行业已经做了大量的研究，本章将从这两个方面入手，介绍一下中小公司应该如何高效地使用大模型。

中小公司在训练大模型时常常会面临一个问题，到底是完全自研还是在现有开源大模型的基础上进行二次开发？在充分考虑成本和风险的情况下，中小公司一般会选择后者，其原因主要有以下几个。

（1）重新训练，消耗非常巨大。如果没有一大批非常优秀的技术人员而选择重新训练一个大模型，就显得毫无意义，只会浪费人力、物力和时间，而且效果也不一定比使用开源的大模型好。

（2）现有的大模型体系已经非常丰富，足够满足各方需求。GPT 从提出到现在已有 5 年多，这段时间内产生了大量的大模型，总有一个大模型可以满足用户的需求。

（3）对话大模型的竞争已经白热化，可以说三天出现一个小应用，一周出现一个新模型；每一个企业都迫切地想落地应用自己的对话大模型，而对开源的大模型二次开发就是站在巨人的肩膀上，无疑是快速、高效的方法。

（4）中小公司的技术实力相对薄弱，且大模型的研发人员更稀缺，这让中小公司研发大模型难以实现。

中小公司微调大模型，最常见的是走 SFT（有监督微调）的路线。当前的微调方式主要是采用 LoRA（低秩适配）技术，行业还有针对性地开发出一系列 LoRA 工具套件，这些工具套件已经成为中小公司微调大模型的首选。

此外，除了 LoRA 工具套件，全量的微调对于几十亿个参数或者百亿个级参数的模型来说也是不错的选择。配合 DeepSpeed 等技术和工具，几十亿个参数的大模型可以直接在 4 块 RTX A100 型号的显卡上微调。但是因为微调千亿个级参数的大模型消耗的资源很多、时间很长，所以对于大部分中小公司来说可行性不高。

另外，微调后的大模型仍然很大，动辄占用十多 GB 的显存，这对于许多商业应用来说十分不友好。为了降低大模型所需显存的容量，还需要对大模型的大小进行压缩，以保证大模型可以应用到较小显存的 GPU 中，从而保障在线应用的效率。常见的压缩方法主要包含量化压缩、剪枝、知识蒸馏，这些方法可以在有效地降低显存容量要求的同时，保证大模型仍然拥有十分优异的性能。

本章将对微调技术和压缩技术进行详细介绍，争取让每一位读者都能用较小容量的显存轻松地运行大模型，让更多的中小公司能够快速上马大模型，并尽快在垂直领域开花结果。

8.1 微调技术介绍

在 6.6 节中，我们介绍了 3 类大模型高效训练的方法，其中 LoRA 技术和其变种是当前行业主流的方法。本节将详细介绍 LoRA 技术、AdaLoRA 技术、

QLoRA 技术和采用 DeepSpeed 的 ZeRO-3 方式的全量微调，让大家对微调更得心应手。

8.1.1　LoRA 技术

低秩适配（Low-Rank Adaptation，LoRA）技术是在 2022 年由 Edward J.Hu 等人在 ICLR2022 会议上提出的（更多细节请参见论文 "LoRA:Low-Rank Adaptation of Large Language Models"），其核心思想是利用低秩分解模拟参数变化，使用较少的参数进行大模型的间接训练。具体地讲，对于包含矩阵乘法的模块，将在原始的 PLM（Pre-trained Language Model，预训练语言模型）之外添加一条新通道，即让第一个矩阵 A 进行降维，让第二个矩阵 B 进行升维，模拟出所谓的"本征秩"。

基于 LoRA 技术微调大模型，大模型的参数更新示例如图 8-1 所示。在训练期间，我们首先固定大模型的其他参数，只针对新增的两个矩阵调整它们的权重参数，将 PLM 与新增通道的结果相加以获得最终结果（两侧通道的输入和输出维度必须相同），下面详细介绍参数更新的过程。

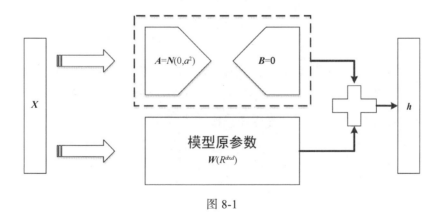

图 8-1

X 为输入向量，W 为 PLM 中的某个全连接层，是一个矩阵，A 和 B 为低秩矩阵。首先，使用高斯分布初始化第一个矩阵 A 的权重参数，然后将第二个矩阵 B 的权重参数设置为零矩阵，以确保训练开始时新增的通道 $BA = 0$ 不会影响大模型的预测结果。在推理阶段，我们简单地将左右两侧的结果相加以获取最终结果 $h=WX+BAX=(W+BA)X$，因此只需将已经训练好的矩阵乘积 BA 添加到原始权重矩阵 W 中，就像更新 PLM 权重参数那样进行操作，无须消耗额外的计算资源。

经过实验发现，用 LoRA 技术微调（以增量矩阵的本征秩 $r=8$ 为例）130亿个参数的大模型 LLaMA（模型大小超过 20GB），更新的参数量不超过 3000万个，由此可见基于 LoRA 技术的微调方法在高效性和节约资源方面比传统的微调方法有巨大的优势。

8.1.2　AdaLoRA 技术

尽管用 LoRA 技术微调大模型获得了良好的结果，但该方法需要预设每个增量矩阵的本征秩 r 相同。这种限制无视了不同模块和层之间权重矩阵的显著差异，导致大模型的效果存在不稳定性。为此，行业提出了 AdaLoRA 技术（更多细节请参见 Qingru Zhang 等人发表的论文 "Adaptive Budget Allocation for Parameter-Efficient Fine-Tuning"），该技术基于重要性评分动态地分配参数预算到权重矩阵中，详细介绍如下：

（1）AdaLoRA 技术采用了一种有效的策略来调整增量矩阵的分配。具体地，它会优先考虑那些对任务结果影响较大的增量矩阵，并给予它们更高的权重，从而能够获得更多的信息。与此同时，对于那些对结果影响较小的增量矩阵，大模型会将其秩降低，以避免过拟合和浪费计算资源。

（2）在增量更新中使用奇异值分解进行参数化，并基于重要性指标去除不重要的奇异值，同时保留奇异向量。该方法减少了对大矩阵进行准确奇异值分解所需的计算资源，从而有效地提高了计算速度和稳定性。

8.1.3　QLoRA 技术

70 亿和 130 亿个参数的大模型所占用的显存较低（如表 8-1 所示），加上

LoRA 技术只微调小部分参数，有效地保障了中小公司在低显存的 GPU 服务器上微调大模型的可能性。然而，随着大模型参数进一步增加，比如对于 660 亿个参数的超大模型（如 LLaMA），占用的显存为 300GB，常规的 16 位量化压缩存储微调需要占用超过 780 GB 的显存，传统的 LoRA 技术面对这样的情况显得有些捉襟见肘。

表 8-1

量化压缩存储表征	70 亿个参数的大模型占用的显存	130 亿个参数的大模型占用的显存
16 位	13GB	24GB
8 位	7.8GB	15.6GB
4 位	3.9GB	7.8GB

为了解决该问题，Tim Dettmers 等人提出了 QLoRA 技术（更多细节请参见 Tim Dettmers 等人发表的论文 "QLoRA:Efficient Finetuning of Quantized LLMs"）。QLoRA 技术采用了一项创新性的、高精度的技术，能够将预训练模型量化压缩为 4 位二进制代码，并引入一组可学习的适配器权重参数，这些权重参数通过反向传播梯度来微调量化压缩权重。QLoRA 技术支持低精度存储数据类型（4 位二进制代码）及高效的计算数据类型（BFloat16）。每次使用权重参数时，我们都需要先将计算数据转换成支持高效矩阵计算的 BFloat16 格式，然后执行 16 位矩阵乘法运算。此外，QLoRA 技术使用两种技术来实现高保真 4 位微调，即 4 位 Normal Float（NF4）量化压缩和双量化压缩技术。

8.1.4　微调加 DeepSpeed 的 ZeRO-3

DeepSpeed 是一款由微软开发的开源深度学习优化库，其主要目的是提高大模型训练的效率与可拓展性。该库使用多种技术手段来加快训练速度，例如实现模型并行化、梯度累积、动态精度缩放和本地模式混合精度等。

同时，DeepSpeed 也提供了一系列辅助工具，比如分布式训练管理、内存优化和模型压缩等，这些都有助于软件研发人员更好地管理和优化大规模深度学习训练任务。除此之外，值得注意的是，DeepSpeed 基于 PyTorch 框架构建，因此只需做少量修改就能够轻松地完成跨框架迁移。实际上，DeepSpeed 已被广泛地应用于诸如语言模型、图像分类、目标检测等众多大规模深度学习项目中。

总之，DeepSpeed 作为一个大模型训练加速库，位于模型训练框架和模型之间，用来加快训练、推理的速度。

零冗余优化器（Zero Redundancy Optimizer，ZeRO）是一项针对大规模分布式深度学习的新型内存优化技术。该技术能够以当前最佳系统吞吐量的 3 至 5 倍的速度训练拥有 1000 亿个参数的深度学习模型，并且为训练数万亿个参数的模型提供了可能性。作为 DeepSpeed 的一部分，ZeRO 旨在提高显存效率和计算效率。其独特之处在于，它能够兼顾数据并行与模型并行的优势，通过在数据并行进程之间划分模型状态参数、梯度和优化器状态，消除数据并行进程中的内存冗余，避免重复传输数据。此外，它采用动态通信调度机制，让分布式设备之间共享必要的状态，以维护数据并行的计算粒度和通信量。

目前，DeepSpeed 主要支持 3 种形式的 ZeRO，分别为优化器状态分区（ZeRO-1）、梯度分区（ZeRO-2）、参数分区（ZeRO-3）。DeepSpeed 的 ZeRO-3 可以保证在 4 块 RTX A100 型号的显卡上轻松运行几十亿个参数的大模型。

8.2 模型压缩技术介绍

如何让模型轻量、快速、高性能地完成知识推理一直是科研工作者的研究重心。模型压缩技术是实现高性能目标的关键技术之一。本节将重点介绍 3 类模型压缩技术，分别为剪枝、知识蒸馏和量化压缩。

8.2.1 剪枝

深度神经网络中存在大量冗余参数，一般只有少数权值和节点/层才会对推理结果产生重要影响，需要剔除冗余参数以提高模型训练效率。剪枝技术通过删除多余的节点来减小网络规模，从而降低计算成本，同时保持良好的推理效果和速度。就像园艺师修剪没有用的植物枝叶一样，科研人员将模型中无关紧要的参数设置为零，最终得到精简版的模型。剪枝技术被广泛地用于优化深度神经网络，主要步骤如下。

（1）训练一个原始模型，该模型具有较高的性能但运行速度较慢。

（2）确定哪些参数对输出结果的贡献较小，并将其设置为零。

（3）在训练数据上进行微调，以便尽量避免因网络结构发生变化而导致性能下降。

（4）评估模型的大小、速度和效果等指标，如果不符合要求，那么继续进行剪枝操作直至满意为止。

剪枝技术主要分为两种类型：非结构化剪枝和结构化剪枝。

非结构化剪枝通常涉及对权重矩阵中的单个或整行、整列的权重值进行修剪。这种方法通常会将修剪后的权重矩阵转换为稀疏矩阵，即将不必要的权重值设置为 0。虽然这种方法可以带来性能提升，但是需要计算平台能够支持高效地处理稀疏矩阵，否则剪枝后的模型将无法获得显著的性能提升。

相比之下，结构化剪枝使用滤波器或权重矩阵的一个或多个通道来进行修剪。这种方法不会改变权重矩阵本身的稀疏程度，因此可以更容易地在各种计算平台上实施。

非结构化剪枝（如图 8-2 所示）包括权值剪枝和神经元剪枝。权值剪枝通过将权重矩阵中的单个权重值设置为 0 来剔除不重要的连接。在通常的情况下，可以对权重矩阵中的所有权重值按大小顺序排序，并将排名靠后的按照一定的比例将权重值设置为 0。神经元剪枝则涉及删除神经元节点和与其相连的突触，可以计算每个神经元节点对应行和列的权重值的平均值，并根据其大小对神经元节点进行排序，然后删除排名靠后的一定比例的神经元节点。

0	0.5	0.7	0.4
0	0.5	0	0
0	0.8	0.7	0
0.9	0	0.4	0.6

0.5	0	0.7	0.4
0.4	0	0.9	0.6
0	0	0	0
0.9	0	0.4	0.6

（a）权值剪枝　　　　　　　　　　（b）神经元剪枝

图 8-2

　　结构化剪枝又称为滤波器剪枝，主要包括 Filter-wise、Channel-wise 和 Shape-wise 三种类型。它通过修改网络模型的结构特征来达到压缩模型的目的。在知识蒸馏中，学生网络模型等都采用了结构化剪枝技术，同时 VGG19、VGG16 等裁剪模型也可视为一种隐式的结构化剪枝行为，关于知识蒸馏的内容将在 8.2.2 节进行介绍。Filter-wise 剪枝指的是针对完整的卷积核进行修剪，其中每个卷积核上的所有层都会被考虑修剪。Channel-wise 剪枝只保留卷积核中相同层的部分权重，而 Shape-wise 剪枝则更精细，只保留卷积核上某些具体区域的部分权重。简单地说，剪枝对象就是所有卷积核中相同位置的部分权重。

8.2.2　知识蒸馏

　　在通常的情况下，大模型由单个或多个复杂网络组成，具备出色的性能和泛化能力，而小模型则因其较小的网络规模而存在着表达能力上的局限性。将大模型获取的知识运用于小模型的训练，可以提高小模型的性能并显著减少其参数量，这就是知识蒸馏与迁移学习在模型优化方面的作用。

　　知识蒸馏（Knowledge Distillation，KD）是一种模型压缩技术（更多细节请参见 Geoffrey Hinton 等人发表的论文 "Distilling the Knowledge in a Neural Network"）。该技术基于教师-学生网络思想，通过让一个复杂的模型（教师网络）向另一个较简单的模型（学生网络）传授知识来进行训练，如图 8-3 所示。

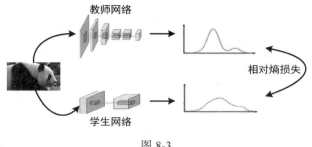

图 8-3

知识蒸馏包含两个重要阶段：首先，训练一个被称为教师网络（Teacher Network）的模型，这个模型通常比学生网络（Student Network）大得多，并且拥有更多的参数和更复杂的结构。这比较容易理解，教师的知识储备一般要优于学生的知识储备。然后，使用教师网络来训练学生网络，让学生网络尽可能地掌握教师网络的知识。学生网络通过软标签学习教师网络的能力，而不是学习数据的真实标签。

事实上，在绝大多数情况下，负类别中某些样本的权重对模型来说也是非常有意义的。这意味着，与传统的训练方法相比，知识蒸馏可以帮助学生网络获取更丰富的信息，从而提高其性能。

8.2.3　量化压缩

为了获得更高的精度，许多科学计算都使用浮点数，其中最常见的是 32 位浮点数和 64 位浮点数。由于深度学习模型中的乘法和加法计算非常耗费资源，因此通常需要使用 GPU 等专业计算设备才能实现实时计算。量化压缩是一种有效的方法，可以将网络中的权重和激活值等从高精度转换为低精度，并且保证转换后的模型仍然能够维持较高的准确性。模型量化压缩具有以下诸多好处。

（1）减少了模型占用空间，比如经过 8 位量化压缩后，模型体积仅为原始版本的 1/4。

（2）由于 8 位数据传输所需的功耗较低，因此在移动设备等资源受限环境下更实用。

（3）与32位浮点运算相比，8位浮点运算通常能够获得更快的处理速度。

模型量化压缩本质上是通过函数映射来进行的。根据映射函数是否为线性关系，可以将量化压缩方式分为线性量化压缩和非线性量化压缩。

线性量化压缩又被称为均衡量化压缩，它的特点是两个相邻量化压缩值之间的差距是固定的。在量化压缩公式中，r 代表原始浮点数，Q 代表量化压缩后的整型数据，s 是一个缩放因子，是与量化压缩相关的参数。量化压缩的过程是用浮点数除以缩放因子，再执行舍入和截断（clamp）操作。由于量化压缩过程会引入舍入和截断操作，因此反向量化压缩的结果并不完全等同于原始的浮点数。

非线性量化压缩的量化压缩间隔并不固定，而基于数据的分布情况进行调整。因为网络中的值分布往往呈现出高斯分布的形态，所以非线性量化压缩能够更好地保留与分布相关的信息。在数据较多的区域中，非线性量化压缩可以采用更小的数据量化压缩间隔，从而提高量化压缩精度；在数据较少的区域中，则可以采用更大的量化压缩间隔，这样仍能维持适当的量化压缩精度。因此，从理论上来说，非线性量化压缩的效果比线性量化压缩的效果更好。

大模型压缩一般都采用量化压缩，最低可以压缩到 4 位数据编码表示。4位数据编码表示所需的显存是 16 位数据编码表示所需的显存的 1/4，可以让中小公司使用几百亿个参数的大模型。

8.3 微调实战

本节将围绕 LoRA 和微调（Finetune）技术，介绍真实环境中的训练实战情况。通过本节的介绍，我们希望读者能了解和熟悉微调实战。

8.3.1　部分参数微调实战

现在以 130 亿个参数的 LLaMA 模型为例来介绍部分参数（包括全量参数）的微调方法。服务器的设置见表 8-2，主要采用 Torch+Transformer 的形式微调大模型。为了避免版本问题带来的困扰，建议 Python 版本不低于 3.8，Transformer 版本不低于 4.28，Peft（集成了 LoRA）版本为 0.2.0，最好在物理机上直接构建环境。

表 8-2

操作系统	Ubuntu 20.4
GPU 驱动型号	512.125.06
CUDA 版本	12.0
Python 版本	不低于 3.8
深度学习框架	Torch
Transformer 版本	不低于 4.28
内存大小	128GB
硬盘大小	大于 1TB
Peft	0.2.0

基于 LoRA 的微调所需的服务器部分的主要参数设置如表 8-2 所示，LLaMA 本身的参数和 LoRA 的参数设置如表 8-3 所示。其中，Lora_r 设置为 8，Lora_alpha 设置为 16，Lora_dropout 设置为 0.05，LoRA 调整 Transformer 的 q_proj、v_proj 两个参数。

表 8-3

Llama_config	Epoch	5
	Per_batch_size	16
	Learning_rate	8e-6
	Max_length	1024
Lora_config	Lora_r	8
	Lora_alpha	16
	Lora_dropout	0.05
	Lora_target_modules	q_proj、v_proj

使用 LoRA 技术微调，可以在一天之内完成 10 万条数据 5 个批次（Epoch）的运算，但为了防止模型训练过程中断，建议使用终端复用器（Terminal Multiplexer，Tmux）启动。LLaMA+LoRA 的损失曲线如图 8-4 所示，从图中可以看到模型的损失（loss）走势正常，且在一个批次完成后损失会断崖式下降。

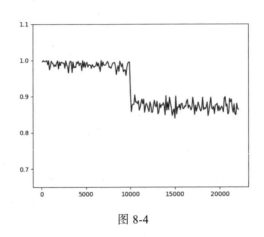

图 8-4

8.3.2 全参数微调实战

模型的全量微调仍然以 LLaMA-13B 大模型为代表，服务器的设置见表 8-4，主要采用 Torch+Transformer 的形式微调大模型。为了避免版本问题带来的困扰，建议 Python 版本不低于 3.8，Transformer 版本不低于 4.28，DeepSpeed 版本为 0.9.2，最好在物理机上直接构建环境。

表 8-4

操作系统	Ubuntu 20.4
GPU 驱动型号	512.125.06
CUDA 版本	12.0
Python 版本	不低于 3.8
深度学习框架	Torch
Transformer 版本	不低于 4.28
内存大小	128GB
硬盘大小	大于 1TB
DeepSpeed	0.9.2

基于 DeepSpeed 的微调，所需的服务器部分的主要参数设置如表 8-4 所示，LLaMA 本身的参数和 DeepSpeed 的参数设置如表 8-5 所示，其中 Zero_optimization 设置为 3，并且优化函数（optimizer）选择 AdamW。

表 8-5

	Epoch	5
Llama_config	Per_batch_size	2
	Learning_rate	8e-6
	Max_length	1024
deepspeed_config	Zero_optimization	3
	optimizer	AdamW

使用 DeepSpeed 的微调，完成 10 万条数据 5 个批次的运算需要 3 天左右。为了防止模型训练过程中断，建议使用 Tmux 启动。LLaMA+DeepSpeed 的损失曲线如图 8-5 所示，从图中看出，其走势与 LLaMA+LoRA 的损失曲线的走势基本一致（如图 8-4 所示），只不过刚开始的损失更大但下降得更快。

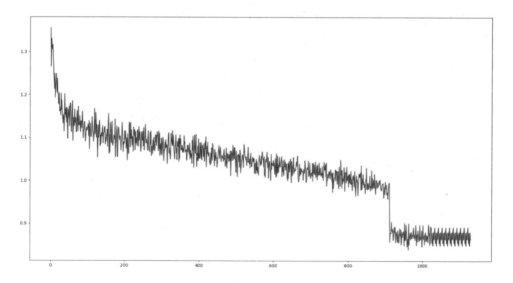

图 8-5

8.4 模型压缩实战

本节介绍实战中的模型量化压缩，通过对 LLaMA 压缩的案例，让读者能掌握 8 位量化压缩和 4 位量化压缩。

8.4.1 8 位量化压缩实战

8.2 节介绍了 3 类模型压缩技术，但是应用于大模型上的多数是量化压缩，主要基于以下几点考量。

（1）大模型的参数规模对模型推理效果影响巨大，所以不管是剪枝还是知识蒸馏都会减少模型参数，这会直接削弱模型的能力。

（2）剪枝和知识蒸馏操作比较复杂，而量化压缩比较简单，所以普适性强。

（3）知识蒸馏和剪枝可能会涉及二次训练，比量化压缩的过程更烦琐。

目前，大模型一般用 16 位量化压缩存储，可以通过查看模型的 config.json 文件获取模型的具体存储位数（如图 8-6 所示）。本节只介绍 8 位和 4 位量化压缩存储模型实战。

```
{
    "architectures": ["LLaMAForCausalLM"],
    "bos_token_id": 0,
    "eos_token_id": 1,
    "hidden_act": "silu",
    "hidden_size": 5120,
    "intermediate_size": 13824,
    "initializer_range": 0.02,
    "max_sequence_length": 2048,
    "model_type": "llama",
    "num_attention_heads": 40,
    "num_hidden_layers": 40,
    "pad_token_id": -1,
    "rms_norm_eps": 1e-06,
    "torch_dtype": "float16",
    "transformers_version": "4.27.0.dev0",
    "use_cache": true,
    "vocab_size": 32000
}
```

图 8-6

以 16 位量化压缩存储的 LLaMA_13B 为例，说明一下 8 位量化压缩存储的方法。Hugging Face 官网的 Transformer 模型已经集成了 8 位量化压缩存储的模型，只需要安装 accelerate 和 bitsandbytes 安装包，在模型导入的时候通过参数的设置即可轻松地加载 8 位量化压缩存储的模型，如图 8-7 所示。

```
from transformers import AotoModelForCausalLM

model=AutoModelForCausalLM. form_pretrained(model_path, torch_dtye=torch. float16,
device_map="auto", config=model_config, load_in_8bit=True)
```

图 8-7

当 load_in_8bit=True 时，LLaMA 采用 8 位的形式加载，其占用的 GPU 内存为 14 215MiB，约为 14GB，如图 8-8 所示；16 位的形式加载的 LLaMA 如图 8-9 所示，比 8 位的形式加载的 LLaMA（见图 8-9）的内存大了约一倍。

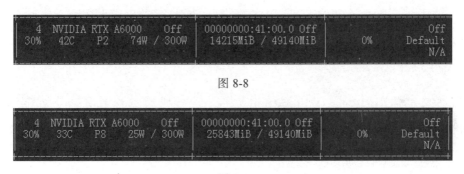

图 8-8

图 8-9

8.4.2　4 位量化压缩实战

以 16 位存储的 LLaMA-13B 为例，说明一下 4 位的量化压缩方法。官网的 Transformer 模型并没有开源 4 位量化压缩的模型，使用者本人需要使用压缩算法先自行将 16 位的模型压缩成 4 位的模型后再使用。网上已有不少压缩算法的开源版本，直接使用即可。生成式预训练转换器模型量化（Generative Pre-trained Transformer models Quantization，GPTQ）（更多细节请参见 Elias Frantar 等人发表的论文 "GPTQ: Accurate Post-Training Quantization for

Generative Pre-trained Transformers"）是一个针对 GPT 模型设计的一次性权重量化压缩方法，其核心思想是利用近似二阶信息以达到高精度与高效率的目的。

GPTQ 可以在大约 4 个 GPU 小时内将具有 1750 亿个参数（比如 16 位编码）的 GPT 模型量化压缩为参数为 3 位或 4 位的编码表示，并且准确性的降低可以忽略不计。与传统的量化压缩方法相比，GPTQ 的压缩增益是双倍以上，同时保持了准确性。此外，即使在极端量化压缩的情况下，GPTQ 也可以提供合理的准确性，例如权重被量化压缩为 2 位或者三元量化压缩级别。GPTQ 适用于端到端推断加速，相对于原模型，使用高端的 GPU（型号为 NVIDIA RTX A100）时可以提升约 4.5 倍速度，使用更经济实惠的 GPU（型号为 NVIDIA RTX A6000）时则可以提升 3.25 倍速度。值得注意的是，GPTQ 是第一个证明可以将具有数百亿个参数的语言模型量化压缩为每个组件 3 位或 4 位的方法。

GitHub 平台上有很多关于 GPTQ 的代码，支持多种生成大模型（包括 OPT、BLOOM、LLaMA 等）的量化压缩。GPTQ 支持将 18 位大模型量化压缩为 4 位或者 3 位甚至 2 位的大模型。

当需要使用 GPTQ 对 LLaMA 压缩时，仅仅需要运行 llama.py 文件，如图 8-10 所示。

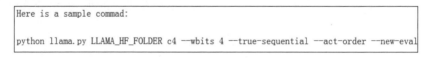

```
Here is a sample commad:

python llama.py LLAMA_HF_FOLDER c4 --wbits 4 --true-sequential --act-order --new-eval
```

图 8-10

在实践中，LLaMA 使用了 4 位的形式加载，占用的内存为 7820MiB，如图 8-11 所示。使用 8 位的形式加载的 LLaMA 见图 8-8，占用的内存为 14 215MiB，比使用 4 位的形式加载的占用的内存大了差不多一倍。

图 8-11

8.5　思考

ChatGPT 面世已经半年有余，当前对大模型的需求越来越趋于理性，大模型给人类带来了深刻的影响，我们总结如下：

（1）大模型具有卓越的自然语言处理能力，在理解和生成自然语言方面取得了重大突破，从而使得计算机能更精确地理解人类语言表达，并进一步提高了人机交互效率。这就意味着人们可以更轻松地与机器进行沟通，无论是在工作场合中还是在日常生活中，都能获得更智能的辅助。

（2）大模型在多模态交互上具有天然的优势，其卓越的能力让许多场景的手工工作者叹为观止。之前需要很长一段时间才能创作出来的图片、视频或语音对大模型而言也就是花几十秒的事情。它已经改变了人类的工作方式，并且很可能一直影响下去。

（3）大模型促进了 AI 在商业领域的普及，有望提高企业效率、降低成本，并持续优化用户体验，也将为政府和社会提供智能化的决策支持与服务，有助于解决各种社会难题和挑战。

尽管大模型还有不少瑕疵，但是对人类的影响越来越深远，而且这种影响是不可逆转的，无论是个人还是公司，都只能主动拥抱它，才能避免在这一次大模型浪潮中被淹没。现在是"百模大战"的惨烈时代，也是一个非常适合中小公司的时代，乾坤未定，你我皆有可能是黑马。我们需要做的是顺应时代潮流，寻找公司的定位，努力用好大模型，傲立潮头。

第9章 从0到1部署多模态大模型

在前面的章节中，我们已经介绍了多模态大模型的发展历史、核心技术和评测标准，相信读者已经对多模态大模型有了全方位的了解。那么，我们如何使用多模态大模型呢？本章将阐述如何在服务器上从 0 到 1 部署多模态大模型。为了方便介绍，本章以 VisualGLM-6B 的部署为例，对部署过程进行拆解和分析。

9.1 部署环境准备

要完成一个多模态大模型在服务器上的部署和发布，必然需要很多软硬件底层环境的支持。这些环境包括显卡、操作系统、显卡驱动程序、并行计算平台（CUDA）和神经网络库（cuDNN）。下面对这些逐个进行介绍。

1. 显卡

我们常说的显卡由显存、GPU、电路板等部分组成，其中 GPU 是显卡的核心，是主要的图形处理芯片。GPU 的能力体现在渲染图像、动画、视频等需要大量并行处理能力和密集计算的任务上。在多模态大模型的训练和推理任务中，GPU 是不可或缺的重要组成部分。

显卡的型号多种多样，包括 NVIDIA 系列显卡、AMD 系列显卡、Intel 系列显卡、Adreno 系列显卡等，其计算性能、价格都不同。

2. 操作系统

最常用的部署多模态大模型的服务器的操作系统有 Ubuntu、CentOS、KylinOS 等。

3. 显卡驱动程序

我们有了显卡和操作系统之后，就要安装显卡驱动程序。顾名思义，显卡驱动程序的作用是驱动显卡，它是操作系统中的一个应用程序。不同的操作系统、不同的产品系列、不同的 GPU 型号对应的显卡驱动程序不同。

4. CUDA

对于 NVIDIA 系列显卡来说，我们需要对 CUDA 进行安装。首先进入 CUDA 下载官网，然后选择对应的操作系统的型号和版本等，获取相应的下载和安装命令。在 CUDA 下载和安装完成后，使用 nvcc-version 或者 nvcc-V 命令可以验证 CUDA 是否安装成功，同时可以查看 CUDA 的版本。官网的 CUDA 编程手册中给了诸多 CUDA 编程样例，包括矩阵转置、矩阵乘法、图像卷积、图像去噪等，感兴趣的读者可以进一步查阅相关资料。

5. cuDNN

cuDNN 是 NVIDIA 系列产品推出的专门加速深度神经网络计算的基元库（起到类似加速器的作用）。cuDNN 对神经网络的卷积层、池化层、激活层和归一化层都进行了深度优化，能够实现高性能的 GPU 加速。cuDNN 对神经网络的加速适用于诸多的深度学习框架，如 PyTorch、TensorFlow、Keras、Caffe2、PaddlePaddle 等。

值得注意的是，使用 GPU 并不一定要安装 cuDNN。cuDNN 主要针对深度神经网络进行加速。不安装 cuDNN 在很多场景下也是可以使用 GPU 的。

9.2 部署流程

在 9.1 节中，我们已经准备好了部署多模态大模型所需要的软硬件环境，下面就可以开始正式部署了。对于 VisualGLM-6B 的部署，我们采用的显卡型号为 NVIDIA RTX A6000，操作系统型号为 Ubuntu 20.04.1，CUDA 型号为 cuda11.1，cuDNN 版本为 cudnn v8.0.4，Python 版本为 3.9.12。

部署的整体流程为下载 VisualGLM-6B 的源代码、下载 VisualGLM-6B、安装需要的 Python 包、根据具体的使用方式开发 API 和启动部署程序。下面逐一详细介绍。

1. 下载 VisualGLM-6B 的源代码

可以从 GitHub 网站中直接下载 VisualGLM-6B 的源代码。另外，也可以通过 git clone 命令直接在 Linux 服务器上下载源代码。

2. 下载 VisualGLM-6B

值得注意的是，VisualGLM-6B 和它的源代码并不存储在一条路径中，VisualGLM-6B 存储在 Hugging Face 平台的模型库中。

另外，还可以通过 git lfs 的方式下载所需要的 VisualGLM-6B，git 是一个代码版本控制系统，lfs 是 Large File Storge 的缩写，指的是对大文件的存储和管理，能够加快 git 的上传和下载速度。

3. 安装需要的 Python 包

源代码中的 requirements.txt 文件记录了 VisualGLM-6B 部署所需的 Python 包和包的版本信息，可以运行以下命令进行一键安装：

```
pip install -r requirements.txt
```

如果使用阿里云镜像或清华源镜像加速，可以使用以下指令：

```
pip install -i 下载地址 -r requirements.txt
```

4. 根据具体的使用方式开发 API

我们有了 VisualGLM-6B 的源代码、VisualGLM-6B 及完整的 Python 环境，接下来就要考虑根据具体的使用方式开发 API 了。多模态大模型的应用通常有以下几种方式。

第一种是命令行方式。这种方式指的是在 Python 的命令行中输入信息，多模态大模型进行推理预测之后会将生成的内容输出到命令行。对于图像描述和视觉问答任务，首先在命令行中输入图像的物理地址或者图像的统一资源定位符（Uniform Resource Locator，URL），然后就可以进入纯文本对话模式，进行多轮对话，直到用户输入"clear"重新开始提问，或者输入"stop"终止程序。这种方式适用于普通的学习者，旨在通过调试源代码，对代码逻辑有更深入的理解。

第二种是 API 调用方式。这种方式指的是将多模态大模型包装成一个接口的形式，可以供其他的应用程序调用。这个接口接受一定格式的输入，多模态大模型进行推理预测之后，形成一定格式的输出，再将输出结果返回给其他应用程序。常用的封装方式有 FastAPI 封装、Flask 封装、Django 封装等。这种方式适用于代码开发者，旨在将多模态大模型包装给更上层的应用，基于多模态大模型的基本能力实现更多的功能。

第三种是 Web 页面访问方式。这种方式指的是基于多模态大模型开发简单的 Web 页面。使用者可以在 Web 页面上进行简单的输入，同时在 Web 页面上直观地观察多模态大模型的输出结果。常见的适合初学者使用的简单的 Web 页面框架有 Gradio、Streamlit 等。

5. 启动部署程序

部署的最后一个步骤就是启动部署程序，以便和使用者进行真实的交互，利用 Python 命令运行相关的启动程序即可，例如：

```
nohup python web_demo.py > log.txt &
```

如果服务器能够使用 GPU，多模态大模型就会自动地在 GPU 中加载，否则会在普通的 CPU 中加载。

如果要在程序启动的过程中对部分参数进行指定，可以运行以下命令：

```
nohup python web_demo.py --max_length 2000 --top_p 0.5 >log.txt &
```

上述命令指定了多模态大模型最多可以输出 2000 个字符，参数 top_p 为 0.5。

值得注意的是，VisualGLM-6B 共有 78 亿个参数，如果默认以 FP16 的精度加载（即通过 16 位精度加载），大概需要占用 15GB 显存。多模态大模型支持通过 "quant" 参数进行量化压缩来节省显存，以便在普通的消费级显卡中运行，在 INT8（8 位精度）量化压缩级别下最低只需 11GB 显存，在 INT4（4 位精度）量化压缩级别下最低只需 8.7GB 显存。

9.3 使用Flask框架进行API开发

1. Flask 框架介绍

Flask 是 Python 的轻量级 Web 框架，适用于初学者，其特点是轻便、灵活、可定制、易上手、具有良好的扩展性，适用于小型网站的开发。

Flask 框架的基本工作原理是在程序中为每一个视图函数都绑定唯一的 URL，一旦用户请求这个 URL，系统就会调用这个 URL 绑定的视图函数，然后得到相应的结果返回给浏览器进行显示。

2. Flask 框架的应用案例

一个简单的 Flask 框架的应用案例代码如下：

```
from flask import Flask
app = Flask(__name__)
@app.route('/muti_round_chart',methods=['POST'])
def index():
    return '你好！'
if __name__ == '__main__':
    app.run(debug=False,host='0.0.0.0',port=8000)
```

在以上代码中，实现了调用视图函数 index 输出"你好！"的功能。

3. 使用 Flask 框架开发 API 的代码

在了解了 Flask 框架的基本原理和实现方法之后，下面结合多模态大模型的部署编写具体的 API 的代码。API 的代码分为多个代码块，我们会对代码块进行详细分析。

第一个代码块的作用是引入了必要的 Python 依赖，这些 Python 依赖包含基础的 Flask 组件、系统函数、Torch 函数、Transformers 组件及图像流相关的组件等，同时也指明了代码文件的绝对路径和相对路径。

```
from flask import Flask,Response,request
import os,sys,json
import base64
import torch
from transformers import AutoTokenizer ,AutoModel
from io import BytesIO
from PIL import Image
sys.path.append(os.path.dirname(os.path.abspath(__file__)))
BASE_DIR=os.path.dirname(os.path.realpath(__file__))
```

第二个代码块的作用是创建 Flask 类的实例，对多模态大模型的词表和预训练模型进行加载。

```
app = Flask(__name__)
model_path=os.path.join(BASE_DIR,'checkpoint',\
```

```
        'visualglm-6b')
tokenizer=AutoTokenizer.from_pretrained(model_path,\
trust_remote_code=True)
model=AutoModel.from_pretrained(model_path,\
        trust_remote_code=True).half().cuda()
```

第三个代码块是多模态大模型部署的核心代码块。

```
@app.route('/muti_round_chart',methods=['POST'])
def generate_text_stream():
if request.method != 'POST':
        return Response('request method must be post!')
data=request.get_data()
data=json.load(data)
image=data['image']
prompt=data['prompt']
def generate_output():
        torch.cuda.empty_cache()
        def base64_to_image_file(base64_str\
                :str,image_path):
        base64_data=image.split(',')[-1]
        image_data=base64.b64decode(base64_data)
        with open (image_path,'wb') as f:
                f.write(image_data)
        image_path=os.path.join(BASE_DIR,\
                'examples/xx.png')
        base64_to_image_file(image,image_path)
        for reply,history in model.stream_chat(tokenizer,
        image_path,
        prompt,
        history=[],
        max_length=9000,
        top_p=0.4,
        top_k=45,
        temperature=0.4):
        query,response=history[-1]
        yield f'data:{json.dumps(response,\
                ensure_ascii=False)}\n\n'
Return Response(generate_output(),mimetype=\
        'text/event-stream')
```

该代码块主要包含以下 3 个部分。

（1）generate_text_stream 函数。该函数接收外部请求数据，包括 base64 格式的图片及自然语言形式的命令，以流式输出的格式返回图像描述或者图像问答的结果。Flask 框架的流式输出是通过修改 mimetype='text/event- stream'参数实现的。generate_text_stream 函数内部调用了 generate_output 函数，实现了多模态问答的功能。

（2）generate_output 函数。该函数有两个主要的功能。第一个功能是在每次 API 调用之前释放 Torch 函数占用的 CUDA 显存，避免 CUDA 显存长时间不释放导致显存溢出问题。第二个功能是根据图像 URL、历史对话信息、命令信息、输出长度等参数调用多模态大模型的多轮对话功能实现多模态问答。

（3）base64_to_image_file 函数。由于 HTTP 的接口请求方式"POST"无法直接传入原始图片信息，只能通过将原始图片转换为 base64 格式的图片传入，而多模态大模型无法处理 base64 格式的图片，只能将 base64 格式的图片先转换为图片 URL，再加载到多模态大模型中。base64_to_image_file 函数在这个转换的过程中起到了关键作用，接收 base64 格式的图片输入，并将其转换为原始图片，写入指定的文件夹中，后续多模态大模型直接读取图片 URL，就可以进行问答了。

第四个代码块通过调用 run 方法来运行 Flask 程序。

```
if __name__ == '__main__':
  app.run(debug=False,host='0.0.0.0',port=8000)
```

4. 使用 Flask 框架调用 API

当使用 Flask 框架的 API 服务启动时，我们就可以通过接口请求的方式测试和评估模型的性能了。根据以上的配置，请求的地址为 http://ip:port/muti_round_chart，其中 ip 和 port 分别是 Flask 程序中指定的 IP 地址和端口号。接口请求的方式为 POST，接口的输入参数的格式为：

```
{
    "image": "xxxxxx, 输入为图片的 base64 编码",
    "prompt": "用中文描述这张图片"
}
```

在程序响应后，就会以流式输出的形式返回相应的回复内容。

9.4　使用Gradio框架进行Web页面开发

1. Gradio 框架介绍

Gradio 框架是一个适用于初学者构建机器学习和深度学习 Web 页面的 Python 库，可以简单、便捷地将机器学习和深度学习模型构建为交互式应用程序。

传统的展示深度学习模型能力的方式比较烦琐，首先需要算法工程师开发 AI 算法模型和接口，然后由后端工程师开发相应的后端接口并调用 AI 算法接口，将得到的结果传给前端工程师，最后前端工程师编写 Web 页面对结果进行渲染并在浏览器中展示。Gradio 框架将这 3 个部分的工作进行了统一，也就是将 AI 算法接口、后端接口和前端页面统一封装到唯一的 Python 接口中。

Gradio 框架简单易用，组件的封装程度较高，同时可以快速地将生成的 Web 页面进行共享，是初学者不错的选择。

2. Gradio 框架应用案例

要想使用 Gradio 框架，首先要对其进行安装，运行以下命令：

```
pip install gradio
```

现在，我们使用 Gradio 框架来实现最简单的输入和输出功能，即输入任意一个字符，输出 "Hello" +输入字符：

```
import gradio as gr
```

```
def main(text):
return "Hello" + text + "!"
demo=gr.Interface(fn=main,inputs="text",outputs= "text")
demo.launch()
```

运行这段程序，我们就可以在浏览器中看到效果，IP 地址默认为 127.0.0.1，端口默认为 7860。

如果将最后一行代码改为 "demo.launch(share=True)"，就会生成一个公网访问地址，所有人都可以通过这个地址访问我们创建的 Web 页面。接下来，我们利用 Gradio 框架实现一个图像分类的功能，即上传一个图像，给定几个类别，输出这个图像属于每个类别的概率。

```
import gradio as gr
def image_class(text):
return {"大雁":0.7,"喜鹊":0.2,"鹦鹉":0.1}
demo=gr.Interface(fn=image_class,inputs="image",\
    outputs= "label")
demo.launch()
```

除此之外，Gradio 框架还支持很多其他功能，如多输入多输出、自定义组件、动态页面等，感兴趣的读者可以进一步查阅资料学习。

3. 使用 Gradio 框架开发 Web 页面

有了 Gradio 这样简单的 Web 页面开发框架，我们就可以轻松地展现多模态大模型的能力。Gradio 框架的 Web 页面开发代码分为多个代码块，我们会对代码块逐个进行分析。

第一个代码块的作用是引入一些必要的 Python 依赖包，包括多模态大模型的词表、预训练模型加载的依赖包。

```
from transformers import AutoModel, AutoTokenizer
import gradio as gr
import torch
```

第二个代码块主要实现了 predict 函数。predict 函数是多模态大模型推理预测能力的核心。该函数接收一系列的输入参数，然后基于多模态大模型进行推理，最后以流式输出的方式返回生成的内容和新的对话历史。

```python
def predict(input, image_path, chatbot, max_length, top_p,\
temperature, history):
    if image_path is None:
        return [(input, "图片不能为空。请重新上传图片。")], []
    chatbot.append((input, ""))
    with torch.no_grad():
        for response, history in model.stream_chat(
                tokenizer,
                image_path,
                input,
                history,
                max_length=max_length,
                top_p=top_p,
                    temperature=temperature):
            chatbot[-1]=(input,response)
            yield chatbot, history
```

函数的输出参数包括生成内容和新的对话历史，以便进行下一次连贯的对话。

第三个代码块主要实现了 predict_new_image 函数，实现方法与 predict 函数类似。predict_new_image 函数的主要作用是在用户第一次上传图片或者清除对话记录上传新的图片时，获得图片的基本描述信息，以便应用于后续的多轮对话。

```python
def predict_new_image(image_path, chatbot, max_length\
        , top_p, temperature):
    input, history = "描述这张图片。", []
    chatbot.append((input, ""))
    with torch.no_grad():
        for response, history in model.stream_chat(
                tokenizer,
                image_path,
                input,
                history,
                max_length=max_length,
                top_p=top_p,
```

```
                temperature=temperature):
        chatbot[-1] = (input, response)
        yield chatbot, history
```

第四个代码块主要实现了 reset_user_input 函数及 reset_state 函数。用户在点击 "clear" 按钮时，就对程序中用户输入命令变量和聊天状态变量进行了重置。

```
def reset_user_input():
    return gr.update(value='')
def reset_state():
    return None, [], []
```

第五个代码块主要实现了对多模态大模型的词表和预训练模型的加载。值得注意的是，我们可以通过 quant 参数来实现对多模态大模型的量化压缩以节省显存，在 INT8 量化压缩级别下最低只需 11GB 显存，在 INT4 量化压缩级别下最低只需 8.7GB 显存。

```
global model, tokenizer
tokenizer=AutoTokenizer.from_pretrained(\
        "THUDM/visualglm-6b", trust_remote_code=True)
    if args.quant in [4,8]:
        model=AutoModel.from_pretrained("THUDM/visual\
            glm-6b",trust_remote_code=True)\
            .quantize(args.quant).half().cuda()
    else:
        model=AutoModel.from_pretrained("THUDM/visual\
            glm-6b", trust_remote_code=True)\
            .half().cuda()
model = model.eval()
```

第六个代码块中的 main 函数为基于 Gradio 框架开发 Web 页面的核心代码块。开发的 Web 页面中包含了一些输入框，即用户上传的图片、输入的文本命令及可动态调整的模型参数，也包含了一些输出框，即多模态大模型生成的内容通过 Chatbot 页面展示给用户，还包含了一些按钮，如"Generate"按钮、"Clear"按钮及删除上传的照片按钮。图 9-1 展示了使用 Gradio 框架开发的 Web 页面，以及用户与该 Web 页面交互的过程。

```
def main():
with gr.Blocks(css='style.css') as demo:
    with gr.Row():
        with gr.Column(scale=2):
            image_path = gr.Image(type="filepath", \
                label="Image Prompt", value=None)\
                    .style(height=504)
        with gr.Column(scale=4):
            chatbot = gr.Chatbot().style(height=480)
    with gr.Row():
        with gr.Column(scale=2, min_width=100):
        max_length =1024
            top_p = gr.Slider(0, 1, value=0.4, step=0.01\
                , label="Top P", interactive=True)
            temperature = gr.Slider(0, 1, value=0.8, \
                step=0.01, label="Temperature"\
                , interactive=True)
        with gr.Column(scale=4):
            with gr.Box():
                with gr.Row():
                    with gr.Column(scale=2):
                        user_input=gr.Textbox(show_label=\
                        False,placeholder="Input...",\
                        lines=4).style(container=False)
                    with gr.Column(scale=1,min_width=64):
                        submitBtn = gr.Button("Generate")
                        emptyBtn=gr.Button("Clear")
    history = gr.State([])
    submitBtn.click(predict, [user_input, image_path,\ chatbot,
        max_length,top_p,temperature,history]\
    , [chatbot, history],show_progress=True)
    image_path.upload(predict_new_image,[image_path,\ chatbot,
        max_length, top_p, temperature],\
            [chatbot, history],show_progress=True)
    image_path.clear(reset_state,outputs=[image_path,\
            chatbot, history], show_progress=True)
        submitBtn.click(reset_user_input, [], [user_input])
    emptyBtn.click(reset_state,outputs=[image_path,\ chatbot,
            history], show_progress=True)
        demo.queue().launch(inbrowser=True, server_name=\
            '0.0.0.0', server_port=8080)
```

图 9-1

第七个代码块的作用是通过 main 函数启动程序。至此，我们已经介绍完了使用 Gradio 框架开发 Web 页面的流程。

```
if __name__ == '__main__':
main()
```

Gradio 框架还有很多其他更复杂的组件和交互方法。在 Web 页面中支持文本、图像、语音、视频的输入和输出。Gradio 框架是学习多模态大模型时相当不错的选择。

9.5　其他部署方法介绍

前面介绍了使用 Flask 框架和 Gradio 框架部署多模态大模型的方法，除此之外，还有几种比较常见的部署方法，分别是使用 FastAPI、Django 和 Tornado 框架进行多模态大模型的部署。

1. 使用 FastAPI 框架的部署方法

FastAPI 是一个高性能的基于 Python 的 Web 框架，是运行速度最快的

Python 框架之一，其运行速度与 Go 语言相当。FastAPI 框架简单易用，代码补全功能强大，并且在生成代码的同时能够自动生成交互式文档。使用 FastAPI 框架，可以减少重复代码量、代码漏洞，大幅度提高开发速度。

要使用 FastAPI 框架，首先要安装其相关的 Python 依赖包，运行以下命令：

```
pip install fastapi
pip install uvicorn
```

一个简单的 FastAPI 框架的代码样例如下：

```
import uvicorn
from fastapi import FastAPI
app = FastAPI()
@app.get('/')
async def mian():
return {"message": "Hello World"}
if __name__ == "__main__":
uvicorn.run(app, host='0.0.0.0', port=8080, workers=1)
```

代码的主要实现流程是先引入 Python 依赖包，然后创建 FastAPI 实例，接着定义程序的访问路径和具体的实现函数，最后指定 IP 地址和端口，启动程序。

2. 使用 Django 框架的部署方法

与 Flask、FastAPI 等轻便型框架不同的是，Django 框架适用于大规模可扩展的应用和大型互联网网站的开发，知名的博客应用网站 Disqus、社交网站 Instagram、音乐网站 Spotify 等都是使用 Django 框架开发的。Django 框架的扩展性极好，安全性高，其扩展能力能够满足千万个级别以上的用户并发访问。另外，Django 框架能够轻易地和各种机器学习算法集成，适合算法开发者使用。

要使用 Django 框架，首先要安装其相关的 Python 依赖包，运行以下命令：

```
pip install Django
pip install Django-cors-headers
```

Django 框架依赖的文件较多，这里不举例介绍，感兴趣的读者可以进一步查阅资料学习。

3. 使用 Tornado 框架的部署方法

Tornado 框架也是一种基于 Python 的 Web 框架，但 Tornado 框架和 Flask、Django 框架有显著的差异。Flask、Django 框架属于同步框架，在接收并发请求时表现出来的性能会有限制，而 Tornado 框架属于异步框架，利用了非阻塞式的运行方式，每秒可以接收千次以上的请求，因此运行速度非常快，更适合在高负载的场景下使用。

要使用 Tornado 框架，首先要安装其相关的 Python 依赖包，运行以下命令：

```
pip install tornado
```

一个简单的 Tornado 框架的代码样例如下：

```
import tornado.ioloop
import tornado.web
class MainHandler(tornado.web.RequestHandler):
    def get(self):
        self.write("Hello World!")
def make_app():
    return tornado.web.Application([(r"/", MainHandler),])
if __name__ == '__main__':
    app = make_app()
    app.listen(8000)
    tornado.ioloop.IOLoop.current().start()
```

上述的 Tornado 框架的代码实现了输出"Hello World"的功能。

4. Docker 部署方法

Docker 是一种容器化部署方法，即在物理机中创建很多个 Docker 容器，每个 Docker 容器都相当于一个虚拟的服务器，其功能类似于虚拟机。使用

Docker 的容器化部署方法可以轻易地实现开发环境的隔离，也方便容器的打包和迁移部署。前面提到的 Flask、Django、Tornado 等框架都可以在 Docker 容器内进行部署。

在完成 Docker 应用程序的安装和启动之后，我们需要拉取一个基础的 Python 镜像文件，例如从 Docker Hub 官方的镜像网站中拉取基础的 Python 3.9 镜像文件，命令如下：

```
docker pull python:3.9
```

有了基础的 Python 镜像文件，我们就可以使用镜像文件创建 Docker 容器，例如使用刚刚拉取的 Python 3.9 镜像文件创建一个名为 docker_test、端口号为 8000 的容器，命令如下：

```
docker run itd -p 8000:8000 --name docker_test --restart
unless-stopped python:3.9 bash
```

最后，我们只需要进入刚刚创建的容器，就可以在容器内部进行一系列的安装部署操作，命令如下：

```
docker exec -it docker_test bash
```

9.6　部署过程中常见的问题总结

在部署多模态大模型的过程中会出现各种各样的问题，软硬件环境、参数设置等因素都会对部署造成影响，下面以 VisualGLM-6B 为例，简单总结一下部署过程中常见的问题。

1. GPU 显存不足

如果服务器的 GPU 显存不足，通常会出现"cuda out of memory"错误。

2. 安装环境不匹配

在部署过程中,各种安装环境都需要互相适配,最好按照官方指定的版本。GPU 驱动程序要与 GPU 型号相适配,cuDNN 版本要与 CUDA 版本相适配,Python 版本最好在 3.8 ~ 3.10 之间,torch-gpu 等 Python 依赖包版本也要与 CUDA 版本相适配。例如,当 Torch 版本和 CUDA 版本不匹配时,通常会出现 "CUDA error: no kernel image is available for execution on the device" 错误。

3. 使用 Gradio 框架开发 Web 页面的易错之处

使用 Gradio 框架进行 Web 页面开发时,有时会出现 "Something went wrong, connection error out" 错误,这时可以从以下两个方面检测原因,第一个是关闭服务器的网络代理,第二个是适当降低 Gradio 框架的版本,如降低到 3.21.0 版本以下。

4. VisualGLM-6B 的文件下载不全

VisualGLM-6B 由多个文件组成,除了核心的 pytorch-model-bin 文件分成了 5 个子文件,还包括 VisualGLM-6B 的量化压缩文件 quantization.py、配置文件 config.json 和 configuration_chatglm.py、词表文件 tokenization_chatglm.py 和 tokenizer_config.json 等。缺乏任意一个文件,VisualGLM-6B 都无法正常运行。例如,当缺乏 ice_text.model 文件时,会出现 "RuntimeError: Internal:/Users/runner/work/sentencepiece/sentencepiece/src/sentencepiece_processor.cc(1102)" 错误。

5. 找不到 VisualGLM-6B 的文件

如果运行程序出现 "No module named 'THUDM/VisualGLM-6B'" 错误,就代表程序找不到 VisualGLM-6B。这种情况通常出现在自己手动下载 VisualGLM-6B,然后将其上传到服务器的某个文件夹中,并没有和程序中要求的 VisualGLM-6B 存放位置匹配，这时我们可以把 VisualGLM-6B 拷贝到程序要求的文件夹下，或者改变程序中指定 VisualGLM-6B 位置的代码。

6. VisualGLM-6B 量化压缩报错

我们通常会对 VisualGLM-6B 进行 INT8 和 INT4 级别的量化压缩以节省显存。量化压缩之后的 VisualGLM-6B 在服务器的 Linux 环境中通常可以正常运行，但是在 Windows 环境中无法正常运行，如果想要在 Windows 环境中正常运行，那么需要安装 GCC 和 openmp 程序以支持对 VisualGLM-6B 的编译。

7. 量化压缩的 VisualGLM-6B 在进行多轮对话后显存溢出

VisualGLM-6B 在进行多轮对话后，其保存的历史记录越来越多，每一次输入到 VisualGLM-6B 的字符量都会越来越大，从而导致 VisualGLM-6B 运行占用的显存逐渐增大，最终造成显存溢出。我们可以对多轮对话的历史记录进行限制，比如最多保留最近 10 轮对话的内容，当增加第 11 轮对话时，就把第一轮的历史对话清除，保证程序能够持续地正常运行。

8. 端口冲突

我们使用 Gradio 框架进行 Web 页面开发时，Gradio 框架默认的端口号为 7860，但如果 7860 端口号已经被别的程序占用，或者部署在 Docker 容器中时不具备 7860 端口，程序就无法正常启动。这时就可以在 demo.queue().launch 代码中手动设置其他端口号。

9. 生成的内容中带有循环的重复词或者生成的内容过于发散

大模型的通病是出现属性错配或者事实性幻觉等问题。有的时候因为参数设置不当，生成的内容中带有循环的重复词或者生成的内容过于发散。带有循环的重复词主要是因为 temperature、top_p 参数设置得过小，VisualGLM-6B 在每一步推理输出时总是将概率最大的候选词作为结果输出，容易陷入死循环，这时可以适当调高 temperature、top_p 参数的值。生成的内容过于发散主要是因为 temperature、top_p 参数设置得过大，使得候选词数量过多，在随机采样时出现生成的内容偏离主题的情况，这时可以适当调低 temperature、top_p 参数的值。

10. 接口调用不通

在利用 Flask、FastAPI、Django 等框架进行部署时，可能会出现接口调用不通的情况，这种情况可以由很多因素导致，例如接口地址配置错误、NGNIX 转发错误、GET/POST 请求方式错误、接口参数输入错误、未开通指定域名的权限、跨越问题等，需要具体情况具体分析。

第 10 章　多模态大模型的主要应用场景

人类天然具备强大的"自然语言处理"能力，这是人类区别于动物的最大特点之一。多模态大模型在自然语言处理方面想要超过人类，挑战十分巨大。人类对多模态大模型的要求十分苛刻，多模态大模型只要在人类基础的能力上有些许不足或差距，就可能让人觉得不满意。文艺创作、方案撰写、程序代码编写、数学推理等自然语言处理的高级任务或工作，对于人类来说也是极大的挑战，一般只有受过专业培训或教育的人才可能拥有此类能力。

目前，多模态大模型才初步兴起，和产业的结合方兴未艾，还未达到对产业变革不可或缺的程度，但是我们认为其未来发展潜力十分巨大。

由于多模态大模型的复杂性，且涉及 AGI 的多项能力，目前产业界对其理解的深度和广度还远远不够。很多人只知道多模态大模型是一个好东西，但是不知道为什么好、好在哪里、如何落地应用等。基于此，本章会重点介绍一些多模态大模型的应用场景，覆盖六大领域，并详细阐述多模态大模型如何有效地赋能这些场景，如何产生更多价值，让更多读者知道如何在实际工作中利用多模态大模型赋能业务，提高商业价值。

10.1　多模态大模型的应用图谱

10.1.1　多模态大模型的 30 个基础应用

在 ChatGPT 发布后，多个多模态大模型陆续发布，比如微软发布了

Kosmos-1 和 Visual ChatGPT、谷歌发布了 PaLM-E、OpenAI 发布了 GPT-4.0。我们认为，多模态大模型之所以快速发展，是因为以下 8 个关键技术的突破为其提供了强大助力。

（1）神经网络和深度学习技术的深入发展大大推进了计算机对复杂任务的处理工作。

（2）Transformer 和自注意力机制的提出和推广。

（3）BERT 模型的提出和发展，给计算机视觉领域带来很多启示，促进了 VideoBERT 模型的提出。

（4）Vision Transformer 模型的提出，让 Transformer 能够处理图像，从而衍生出一系列视觉 Transformer 预训练模型。

（5）BEiT 技术驱动了图像大规模自监督学习的发展。

（6）思维链的提出和发展，大幅度提高了多模态大模型的推理能力。

（7）ChatGPT 的提出和发展，让行业重燃对 AI 的热火，也将 LLM 的自然语言生成能力提到了新的高度。

（8）扩散模型和多模态大模型有效结合，推进了文本生成图像领域发展。

尽管多模态的"多"字的范围十分广泛，可能涉及 AGI 的全部领域，但是在众多多模态大模型中，目前最常见的还是语言、文本、图像和视频这几个模态任务的融合，比如文本作图、图像描述、视频注释等。第 5 章简单介绍了一些多模态大模型常用的应用场景，这里更全面地介绍其应用图谱。图 10-1 列出了多模态大模型常见的 30 个基础应用。

图像生成：指的是根据用户各种类型的输入（文本、图像等）生成符合期望的图像。图像生成技术在多媒体素材创作中有着广泛的应用。下面举一个案例。

输入 1：I like beautiful and cute dogs. Please show me a photo.（我喜欢漂亮、可爱的狗。请给我看一张照片。）

输出 1：如图 10-2 所示。

多模态大模型的基础应用图谱				
图像生成	语音生成	视频生成	多模态翻译	多模态对话
图像编辑	语音编辑	视频编辑	情绪识别	巡检
图像描述	语音描述	视频描述	多模态目标检测	数字人
图像检索	语音检索	视频检索	多模态目标识别	艺术创作
图像问答	语音问答	视频问答	多模态目标追踪	智能助手
图像理解和推理	语音理解和推理	视频理解和推理	多模态路径规划	生物识别

图 10-1

图 10-2

输入 2：I like beautiful and cute dogs. If it is pink, it is better. Please show me a photo.（我喜欢漂亮、可爱的狗。如果是粉色的，就更好了。请给我看一张照片。）

输出 2：如图 10-3 所示。

图 10-3

整体而言，目前图像生成技术相对比较成熟，基本上可以满足大部分场景的商业应用。比如，在 Logo 设计场景中，可以根据用户的描述，自动生成公司的 Logo 图片。

输入 3：我们公司的中文名称是"数擎智"，英文名称是"Deep Digital Intelligence"，请帮公司设计一个 Logo，色调偏橙色。

输出 3：如图 10-4 所示。

图 10-4

图像编辑：指的是根据用户的输入需求对图像进行编辑，被广泛地应用到多媒体领域中。

图像描述：指的是给定一个图像，用自然语言描述出图像中的主要内容。

图像检索：指的是按照用户的需求检索图像，目前这类应用比较普遍，但是传统方法的效果不是特别理想，多模态大模型可以有效地提升这类应用的效果。

图像问答：指的是用户输入图像，然后对输入的内容进行提问，多模态大模型就可以智能地根据图像中蕴含的语义信息输出自然语言答案，还可以进行多轮对话。

图像理解和推理：指的是理解输入的图像想要表达的内容，然后进行高级推理，比如找到与图像表达内容相近的图像或者解决更高级的图形推理数学问题。

语音生成：指的是根据用户各种类型的输入（文本、图像等）生成符合期望的语音。语音生成技术在多媒体素材创作中有着广泛的应用。

语音编辑：指的是根据用户各种类型的输入对语音进行编辑，也被广泛地应用到多媒体领域中。

语音描述：指的是给定语音，用自然语言描述出语音中的主要内容。

语音检索：指的是按照用户的需求检索语音。

语音问答：指的是用户输入语音，然后对输入的内容进行提问，多模态大模型就可以智能地根据语音中蕴含的语义信息输出自然语言答案，还可以进行多轮对话。

语音理解和推理：指的是理解输入的语音想要表达的内容，然后进行高级推理，比如找到与语音表达内容相近的语音或者将语音转化为文本、图像或视频。

视频生成：指的是根据用户各种类型的输入（文本、语音、图像等）生成符合期望的视频。视频生成技术在多媒体素材创作中有着广泛的应用。

视频编辑：指的是根据用户各种类型的输入对视频进行编辑，比如分割、修改、合并等，也被广泛地应用到多媒体领域中。

视频描述：指的是给定视频，用自然语言描述出视频中的主要内容。

视频检索：指的是按照用户的需求检索视频。随着短视频的兴起，目前该领域十分火爆，但是传统的深度学习技术在视频检索时精准度不够，多模态大模型有助于进一步提升效果，也有助于推进 AI 在该领域中更广泛的应用。

视频问答：指的是用户输入视频，然后对输入的内容进行提问，多模态大模型就可以智能地根据视频中蕴含的语义信息输出自然语言答案或者语音答案，还可以进行多轮对话。

视频理解和推理：指的是理解输入的视频想要表达的内容，然后进行高级推理。比如，识别视频中的破绽，或者将多个视频的语义融合，生成更复杂的视频。

多模态翻译：指的是给定多媒体素材（文本、语音、视频等），能够对里面的内容进行翻译，比如实现不同语言之间的翻译、添加字幕等。

情绪识别：指的是给定多媒体素材，判断该素材中实体的情绪，比如给定一张图片，判断图片中的实体（比如人、动物等）的情绪。

多模态目标检测：指的是给定多媒体素材，比如一段文本和一段视频，然后在视频中能够智能地对文本描述的目标进行检测，被广泛地应用于机器视觉和自动驾驶领域。

多模态目标识别：指的是给定多媒体素材，比如一段文本和一段视频，然后在视频中能够智能地对文本描述的目标进行精准识别，被广泛地应用于机器视觉和自动驾驶领域。

多模态目标追踪：指的是给定多媒体素材，比如一段文本和一段视频，然后在视频中能够智能地对文本描述的目标进行追踪，被广泛地应用于机器视觉和自动驾驶领域。

多模态路径规划：指的是根据用户的需求规划最佳路径，被广泛地应用于导航、机器视觉和自动驾驶领域。

多模态对话：指的是更有效地实现人机对话及机器和机器对话，被广泛地应用于机器视觉和自动驾驶领域。

巡检：指的是机器人根据摄像头拍到的信息，同时根据输入的任务（文本或者语音）能够完成巡检任务。

数字人：指的是根据文本和图片等信息，构建企业或个人的数字人，然后让数字人通过语音或视频等多媒体形式生动地进行内容输出。

艺术创作：指的是完成文艺创作，比如写诗、作图等多媒体任务。

智能助手：指的是企业或者个人的助手，可以协助完成各类复杂的工作和任务，比如多轮问答、文案生成、PPT 撰写和数字人生成等。

生物识别：指的是根据各类信息，比如图像、视网膜、指纹、语音和行为特征等，精准地进行生物识别。生物识别比目前传统的单一功能识别（比如图像身份识别或者语音身份识别）的效果好得多。

上述多模态大模型的 30 个基础应用可以组合应用到更复杂的场景或行业中。比如，在无人驾驶领域中，可能需要涉及多模态目标识别、多模态目标检测、多模态目标追踪、多模态对话、情绪识别等多个基础应用的融合。

10.1.2　多模态大模型在六大领域中的应用

多模态大模型在文本、视觉、听觉和感知等多个方面突出的智能，使其在多个产业中都有很大的应用潜力。在图 10-1 列出的多模态大模型 30 个基础应用的基础上，我们又梳理了多模态大模型在六大领域（金融领域、出行与物流领域、电商领域、工业设计与生产领域、医疗健康领域和教育培训领域）中的应用，如图 10-5 所示。

1. 金融领域

该领域覆盖银行、保险、证券、基金等金融行业。AI 已经被广泛地应用到金融行业，典型的应用是智能金融顾问、智能客服、智能催收和语音质检等。

这些应用无论是在精准度上还是在智能程度上都有较大的优化空间。多模态大模型的提出，有望重构传统的 AI 应用。

金融领域	出行 与 物流领域	电商领域	工业设计与 生产领域	医疗健康 领域	教育培训 领域
舆情管理 需求调研 生物识别 产品设计 智能顾问 智能营销 智能理赔 智能客服 智能风控 语音质检 数字人 AI助理 新媒体运营 智能运维 智能培训 智能招聘 合规管理	舆情管理 需求调研 生物识别 智能营销 智能客服 智能导航 出行规划 辅助驾驶 自动驾驶 AI助理 驾驶培训 智能招聘 智能分拣 智能配送	舆情管理 生物识别 需求调研 智能营销 智能客服 智能试穿 产品设计 AI助理 数字人 智能搜索 智能推荐 新媒体运营	舆情管理 智能踏勘 智慧巡检 智能监控 风险评估 产品检测 需求调研 智能设计 内容运营 智能客服 数字人 AI助理 新媒体运营 智能招聘 智慧培训	疾病预防问答机器人 基因检测 健康监测 在线问诊机器人 智能影像分析 疾病预测 手术机器人 医生助手 数字疗法 脑机接口 巡检消毒 康复机器人 VR康复 心理康复 形体管理 心理管理 情绪管理 睡眠管理 新药发现 药品评估 药物再利用	需求调研 课程设计 方案设计 学习机器人 AI助理 智能招聘 智慧培训 智能客服 数字人 新媒体运营

图 10-5

图 10-5 中列举了多模态大模型在金融领域的 17 个应用场景，比如，舆情管理、需求调研、生物识别、产品设计、智能顾问、智能营销、智能理赔和智能客服等。有了多模态大模型的赋能，金融行业将发生巨变。

我们认为，随着机器人智能化水平的提高，金融行业的许多业务流程将可能被重构，比如需求调研流程、产品创新流程、销售流程、风控流程和合规管理流程等。以银行行业为例，随着智能化水平的提高，客户可能足不出户，智能金融顾问就可以根据用户的风险偏好智能化设计及推荐符合客户需求的理财解决方案。再以保险行业为例，AGI 有助于理赔流程的重构，实现理赔的自动化和智能化（智能查勘、自动理算和自动理赔等）。

2. 出行与物流领域

"衣、食、住、行和娱"，其中出行是人们重要的刚性需求之一。目前，在出行领域中，典型的多模态大模型应用有很多，而且赋能效果十分显著，比如路径规划、语音导航和辅助驾驶等。

出行领域中还有一个典型的多模态大模型应用场景是驾驶技能学习和提高。多模态大模型能够有效地模拟实际驾驶环境，并指出驾驶人员的不当操作或者高风险行为，有效地帮助驾驶人员提升驾驶技能，让驾驶和出行更安全。

多模态大模型在物流配送领域中也具有巨大潜力。使用多模态大模型完成图像识别任务（比如 OCR），获得订单基本信息及目的地信息，从而可以进行智能分拣及路径规划。在配送过程中，与无人驾驶技术相似，也可以通过配送机器人完成自动配送。多模态大模型可以赋予配送机器人定位、感知、路径规划、导航和机械臂配送等能力，从而实现智能、高效、精准、安全配送。

图 10-5 中列出了出行与物流领域中的 14 个应用场景。随着多模态大模型的推出和深入应用，AI 工具的精准度和用户体验也将得到明显提升，出行与物流领域将发生巨变。

出行领域未来重要的技术发展方向之一是自动驾驶，这将推动新出行生态的诞生。

3. 电商领域

在电商领域中多模态大模型的应用潜力十分巨大，图 10-5 中列举了 12 个应用场景，比如智能试穿、智能搜索、数字人和和 AI 助理等。

受限于多模态大模型的能力，虽然目前在电商领域中多模态大模型的应用范围广，但是还远远不够深入，还有巨大潜能有待挖掘。最典型的应用是智能客服，由于电商领域的互动高频，智能客服目前还不能满足用户的需求，导致整体服务体验一般。

随着多模态大模型的发展，未来多模态大模型的应用将遍地开花，也将重塑电商行业。可以想象，用户在未来只需要通过语音表达自己对服装的需求，电商平台就可以实现快速定制，然后给用户设计出他想要的样板衣服，并将数字衣服呈现在用户的眼前。用户还可以通过智能穿戴工具进行试穿，并提出修改意见。

4. 工业设计与生产领域

该领域目前还比较传统，很多企业还未实现信息化，多模态大模型的应用方兴未艾。尽管如此，随着该领域数字化进程的推进，未来将产生更多多模态大模型的应用场景。

以屋顶式分布式光伏行业为例，智能应用目前十分广泛。在光伏电站设计阶段，使用无人机拍摄屋顶照片，然后多模态大模型进行测绘和模拟布图，给出光伏电站设计方案图。在光伏电站安装阶段，使用无人机拍摄影像资料，可以有效地评估光伏电板安装的质量，比如是否翘起、是否对齐等。在光伏电站运营阶段，可以利用无人机对电站进行快速巡检和清洗，确保光伏电站持续发电和稳健运营。

图 10-5 列出了 15 个应用场景，比如智能踏勘、智慧巡检、智能监控和智能设计等。随着多模态大模型的发展，未来产业数字化和智能化将加速发展。

5. 医疗健康领域

多模态大模型在医疗健康领域中的应用是当前的热点之一。谷歌、微软、IBM、阿里巴巴等国际知名企业都在医疗健康领域中布局，可谓硕果累累。

以谷歌为例，谷歌推出了 Med-PaLM 的升级版 Med-PaLM2，在多个数据集上的测试效果都得到了提升，这进一步提升了其在医疗健康领域中的科技领导地位。

图 10-5 列出了该领域的应用场景。以结构生物学为例，DeepMind 的 AlphaFold 工具能轻松地查找蛋白质的 3D 结构，这极大地提高了工作效率。截至目前，该工具已成功预测超过 2 亿种已知蛋白质的形状，这为特殊疾病治疗和新药发现做出了巨大贡献。

6. 教育培训领域

传统的教育培训大部分以面对面的言传身教为主，优秀老师是稀缺资源，每个老师能教的学生都十分有限。随着互联网技术的发展，开始出现远程教育或在线教育的形式，极大地提高了教育的效率，扩大了教育的受众面。

随着 AI 的发展，机器人逐步开始具有普通教师的能力，甚至和优秀教师的差距逐渐缩小，这在一定程度上解决了优秀教师稀缺的问题，从而极大地提高了教育培训的效率，让教育培训突破了时空的限制，而且还能取得较好的效果。随着多模态大模型的发展，AI 的水平越来越高，当其能力接近于优秀教师的时候，教育培训领域将迎来重大变革。

图 10-5 列出了该领域的 10 个应用场景，分别是需求调研、课程设计、方案设计、学习机器人、AI 助理、智能招聘、智慧培训、智能客服、数字人和新媒体运营。

本节只简单地介绍了多模态大模型的 30 个基础应用，并初步介绍了多模态大模型在六大领域中的应用场景和潜力。在后面的章节中，我们将在上述六大领域中再选取部分场景，更详细地阐述多模态大模型的赋能流程和实例。

10.2　多模态大模型在金融领域中的应用

在金融领域中，多模态大模型的应用场景很多，本节将选取语音质检和智能顾问这两个场景，分别介绍多模态大模型如何赋能。

10.2.1　语音质检

金融行业对在线客服的合规管理十分严格，一旦客服触发合规风险点，就可能让金融公司面临被监管处罚的风险。

保险行业对客服的礼仪、话术等有严格的要求。传统的语音质检方法都是使用人工抽音和听音的方式发现潜在风险点。随着深度学习的发展，金融行业开始引入了深度学习结合传统规则的方式来提升效果。下面列举的是语音质检的基础要求。

（1）支持在规定的时间内将全部录音转化成文本，并自动提供质检评分结果，可以通过录音质检评分页面调取录音，可以看到相关的质检评分结果、录音随路信息、录音识别文本等。

（2）支持质检模型和质检项关联，系统可以自动根据模型命中情况，判断质检项结果，同时可以根据设置的结果对应相关的扣分信息，从而得出每个录音的扣分合计。

（3）支持自动根据质检任务推送给质检员进行人工评分，同时完成初审、复议和复审等业务流程。

（4）支持质检任务按优先级分配，可以根据质检评分结果或者模型命中结果对有问题的录音优先进行全量质检，对没有问题的录音进行抽样质检。

（5）支持针对录音的系统质检评分、人工质检评分、初审、复议、复审等录音评价流程。

（6）支持各类质检报表及自定义报表等。

图 10-6 是自动语音质检流程，主要包含 8 个步骤，分别是抽音、构建多模态大模型、创建专家模型、创建打分表模板、自动打分、人工复核、申诉/复议和报表统计。其中，最关键的两个步骤是构建多模态大模型和创建打分表模板。

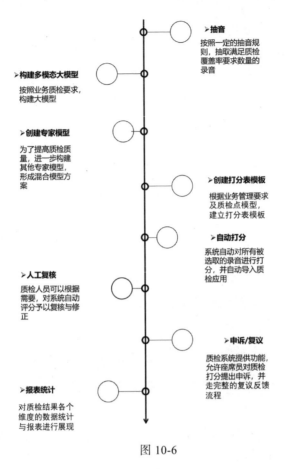

➤抽音
按照一定的抽音规则，抽取满足质检覆盖率要求数量的录音

➤构建多模态大模型
按照业务质检要求，构建大模型

➤创建专家模型
为了提高质检质量，进一步构建其他专家模型，形成混合模型方案

➤创建打分表模板
根据业务管理要求及质检点模型，建立打分表模板

➤自动打分
系统自动对所有被选取的录音进行打分，并自动导入质检应用

人工复核
质检人员可以根据需要，对系统自动评分予以复核与修正

➤申诉/复议
质检系统提供功能，允许座席员对质检打分提出申诉，并走完整的复议反馈流程

➤报表统计
对质检结果各个维度的数据统计与报表进行展现

图 10-6

在传统的自动语音质检流程中，第二步一般是语音转文本，然后对转化的文本进行建模。随着多模态大模型的成熟，语音转文本并不是必需的步骤。值得注意的是，语音转文本模型也只是众多专家模型中的一个，其目的是提高语音质检的效果。

此外，创建专家模型这一步并不是不可或缺的，其目的主要是提升多模态大模型的稳定性。如果多模态大模型已经能达到商业应用的效果，这一步也可以省略。

创建打分表模板的目的是从业务角度出发，帮助客服发现具体的涉及操作违规和不规范的点，让他们及时做出改正。在语音质检场景中，识别违规点只是万里长征的第一步，其最终目的是告知客服违规点的一些细节（比如时间、地点和具体的内容等细节），然后通过事后培训的方式帮助他们合规和规范作业。基于该需求，还要求多模态大模型具有可解释性。因此，针对每个语音质检的风险点，构建符合质检要求的 AI 模型是十分必要的，这也是多模态大模型的主要任务。

表 10-1 为打分表模板示例，假设累计扣分超过 6 分，则认为语音质检不合格。多模态大模型实时输出风险评分和触发的主要风险点，能及时地帮助客服改善服务，提高客户服务体验。

表 10-1

一级分类	二级分类	扣分项	基础分值
销售	礼仪	态度粗鲁	1
销售	销售流程	未按照标准流程介绍产品	1
销售	合规	给客户返礼	3
销售	风险	销售捆绑	2
理赔	合规	贬低竞争对手	3
理赔	理赔流程	未遵守标准流程	1
支付	支付流程	支付确认	1

在实际生产环节中，语音质检一般分为离线质检和实时质检。出于成本控制和监管要求的考虑，目前在金融行业中主要的落地场景以离线质检为主，但是未来随着机器人普及和智能对话场景增多，实时质检的应用将会逐渐增多。

10.2.2　智能顾问

随着 AI 技术的成熟，在金融领域中，逐步实现销售流程自动化和智能化的大趋势不可逆转。以银行个人业务为例，现在去银行网点办理个人业务的人以老年人为主，年轻人少之又少。

我们认为，随着低利率时代的到来，综合金融的需求将十分迫切。微软 CEO 纳德拉 2017 年在 Fintech Ideas Festival 大会上提出：聊天机器人的应用场景很多，其中一个爆发点将会在金融行业。

以保险行业为例，Insurify 公司使用 AI 技术模拟保险代理人的角色，通过客户拍摄的车辆照片，机器人会与客户进行简单的对话（比如验证身份、询问车辆情况、咨询保险计划等），然后会发送满足客户需求的保险方案报价。如果问题太复杂，机器人无法解决，那么机器人会联系人工客服与客户取得联系，然后转由人工客服为客户服务。保险公司 Allstate 也提供了类似的服务，其通过聊天机器人与客户互动并进行报价。Conversica 是一个销售机器人助手，能够利用 AI 技术与客户交互，对潜在客户进行一些需求挖掘和客户洞察，然后将销售机会发送给线下的销售人员，提升销售精准性。

以投资领域为例，智能投顾科技公司因果树发布了投资顾问机器人，其一分钟的工作量相当于投资分析员 40 分钟的工作量。ZestFinance 公司使用机器学习技术分析和挖掘海量数据，建立大数据风控模型辅助信贷决策和债券发行。Kabbage 公司使用机器学习技术建立信用风险模型，并将其应用于推荐资产组合满足客户的投资需求。天弘基金融合传统投资专家的经验和机器学习方法，研发了针对定增市场的多模态大模型。首先建立一个有效的因子组合参与定增选股，然后由投资专家确定定增的参与时点和报价，从而构建投资的组合策略。

尽管如此，目前在金融领域中智能金融顾问的智能化水平还不够高，精准度还不够，除了客户很容易就识别出来服务方是机器人，现阶段智能金融顾问也难以实现需求自动采集、方案实时定制及满足客户实时的综合金融服务需求等。随着多模态大模型逐渐成熟，智能金融顾问的能力将进一步得到夯实。

设想一下在金融理财场景中，客户有理财的需求，基于人机对话，机器人引导客户表达财富管理的需求，然后开始理解客户的需求，基于客户的需求，给出符合客户需求的财富管理方案，同时自动化生成方案分析文档（包含方案的优点、缺点等要素）。与此同时，为了提高方案匹配率和销售成功率，机器人可能会自动开展一些营销活动（涉及营销活动设计、策划和实施等）以促单。

因此，我们觉得作为一名杰出的智能金融顾问，需要在以下 5 个方面拥有突出能力。

1. 需求调研和采集

在与客户沟通的过程中，智能金融顾问可以采集客户的实时信息和客户的粗略需求，然后根据客户的历史大数据，深入挖掘客户的精准需求。多模态大模型可以接受各种输入，比如文本、语音、图像和视频。文本、语音、图像和视频可以提供更多维度的数据与信息，这有助于更充分、更精准地挖掘客户的需求。

2. 金融产品咨询

智能金融顾问利用多模态大模型，可以熟悉全行业所有的金融产品，通过人机交互，为客户提供快速、便捷的金融产品咨询服务。智能金融顾问可以回答客户关于金融产品的各种问题，包括产品类别、合同情况、产品周期、收益率、风险情况、现金价值、保险条款和理赔方式等，为客户提供全天候在线的咨询服务。

3. 方案设计

智能金融顾问在了解了存量产品的详细信息后，通过人工模型的助力，就有望实现新产品的创新和定制。在金融领域中，产品创新可以分为两种情况：第一种情况是存量产品的组合，形成新的方案，比如打包多个保险产品和理财产品构建新的金融解决方案；第二种情况是在存量产品的基础上，定制全新的金融产品以满足客户需求。

第一种情况的难点主要是应对不同金融产品之间的约束和互斥等规则，比如年龄约束、性别约束、地域约束、合同年限、重复理赔约束等。举个例子，客户在 A 公司购买了 40 万元保额的雇主责任险，又在 B 公司购买了 40 万元保额的雇主责任险，理论上雇主责任险之间存在互斥规则，不能重复理赔，行业一般是按照比例理赔的，即如果发生赔付，累计赔付 40 万元，那么 A 公司和 B 公司分别赔付 20 万元。

再举一个案例，客户的需求是购买保险，希望覆盖疾病医疗、意外医疗和意外身故，医疗部分报销比例高，最好包含门诊，医疗保额不低于 100 万元，意外身故保额不低于 30 万元。单个产品难以满足客户的需求，因此智能金融顾问定制了组合方案，如图 10-7 所示，通过组合公司 A 的产品 1 和产品 2 及公司 B 的产品 3，满足了客户的需求。

图 10-7

第二种情况除了要应对第一种情况的难点，还需要在存量产品的基础上进行优化、定制和创新。整体而言，产品自动定制的难点还不是技术层面的，更多的是监管层面的。金融行业是严格监管行业，金融产品的创新有严格和复杂的审批流程。

4. 产品推荐

有时候还需要根据客户的需求，向客户精准地推荐金融产品。利用多模态大模型，可以构建智能推荐机器人，通过人机交互，为客户提供个性化的金融产品推荐和购买建议。机器人可以通过分析客户的需求、风险偏好、承受能力等信息，快速、精准地推荐适合客户的金融产品方案。要想提高客户的转化率，还需要掌握推荐的时机，在最合适的时机给客户推荐最合适的产品才能达到最佳的效果。

5. 智能营销

智能金融顾问还需要充分利用精准营销能力，提高销售的转化率。精准营销涉及多种能力，比如了解客户的心理预期、了解客户的渠道偏好、沟通、设计营销素材、设计营销方案、实时调整营销方案、策划营销活动等。多模态大模型可以支持构建营销助手，解决精准营销过程中的一系列问题，有效地提高销售转化率。

以设计营销素材为例，营销助手可以提供大量支持，比如自动生成营销类的脚本、文案、文章、短视频和数字人等，大大地提高产品推广的效能。

此外，在营销过程中，对客户的情感感知颇为重要。通过情感分析技术，营销助手可以识别客户的情感状态，实时感知客户的喜怒哀乐，也有助于提高营销效率。

另外，客户的需求不是一成不变的。营销助手要能够及时感知客户需求的变化，从而重新为客户定制新的方案满足客户的动态需求。

举个例子，Automat 是一个基于 AI 的对话式营销平台，允许企业通过个性化的对话来收集客户的需求，加强彼此的了解，有效地提高互动性，实现"对话即服务"，通过对话和互动让营销更便捷、更智能和更高效。

10.3 多模态大模型在出行与物流领域中的应用

多模态大模型在出行与物流领域中的应用场景十分丰富，在这里重点介绍一下辅助驾驶和自动驾驶的场景。辅助驾驶可以被应用到多个领域中，比如出行、物流、汽车保险等。

在出行领域中，辅助驾驶可以有效地识别危险，并降低驾驶风险，提升驾驶体验。在物流领域中，辅助驾驶也能有效地提高驾驶的安全性，为整个物流过程保驾护航。在汽车保险领域中，辅助驾驶能实时帮助车险客户提升驾驶技能，这不仅有助于保障车险客户安全出行，还有助于降低出险率，从而让客户获得更高的保险折扣，帮助客户省钱。

从硬件安装的角度来看，辅助驾驶主要有以下两种实现方式：一种是前装实现方式，即汽车出厂时就已经安装了相应的车载设备，该车载设备用于采集汽车静止或运行期间等多种形态的数据，比如位置、时间、方向、刹车情况等，如图 10-8 所示。另一种是后装实现方式，即汽车出厂后加装相应的车载设备。无论是前装还是后装，相应的车载设备采集的汽车数据的价值都十分巨大。图 10-8 列举了一些采集的数据的应用场景，比如碰撞重建、风险评估、精算定价、低碳出行和盗抢追回等。

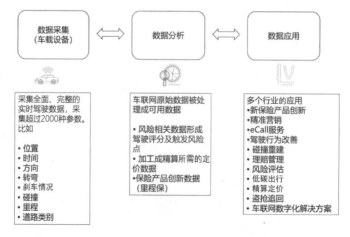

图 10-8

谈到辅助驾驶在保险行业中的赋能，一个典型的案例是在国外风靡的基于使用的保险（Usage Based Insurance，UBI）。UBI 一般分为两种实现方式：一种是主要使用里程数据，构建基于里程的保险产品；另一种是使用尽可能多的风险因子，构建客户驾驶行为评分模型，用驾驶行为评分来指导保险产品精算定价，同时帮助客户改善驾驶行为，提高驾驶安全性。

在大模型诞生之前，在辅助驾驶和自动驾驶领域中，"多模态"模型早已得到应用。辅助驾驶和自动驾驶领域本身要应对的环境就是多模态的，各种传感器、摄像头、雷达等产生各种类型、不同模态的数据，对这些数据的综合利用和挖掘有助于提高自动驾驶能力。

当前，基于多模态的融合感知成了许多自动驾驶厂商的重要研发方向，其目的是提高自动驾驶的感知和推理能力，避免对不同数据使用单模态感知带来的推理错误。借助多模态大模型强大的感知和推理能力，现有的辅助驾驶和自动驾驶体系的综合能力可以有效地提高，从而实现路径规划、自动驾驶、安全管家、AI 助理等功能，如图 10-9 所示。

图 10-9

此外，现有的多模态融合感知框架只能勉强应对自动驾驶任务，而难以同时兼顾 AI 助理的工作，并且在人机交互上能力有限。这个方面也是多模态大模型的强项，应用潜力巨大。

当然，当前的多模态大模型有一些能力亟待改善。辅助驾驶和自动驾驶场景对及时响应和运行稳定性有特别严格的要求，而目前的多模态大模型对算力要求极高，响应比较慢，要大规模应用落地还有很长的路。未来随着算力的提高，多模态大模型会有更深入的应用。

10.4　多模态大模型在电商领域中的应用

在众多领域中，能持续产生海量数据的领域之一就是电商领域。数以亿计的客户，在各类电商平台上留下了数据的痕迹，也让这个领域能够插上大数据的翅膀腾飞。《中国电子商务报告（2022）》显示，2022年全国电子商务交易额为43.83万亿元，全国网上零售额为13.79万亿元。在这个超过10万亿元的大市场中，大数据和机器学习基本上贯穿与赋能整个电商流程，比如商品浏览流程、商品搜索流程、商品购买流程和商品物流流程等。

电商场景是天然的多模态大数据场景，这个场景里有图像信息、文本信息、语音信息，也有流媒体信息。此外，电商场景也是天然强调互动的场景，基本上全流程在线。客户可以在线完成沟通，从而实现交易闭环。因此，如何充分地利用这些多模态大数据为电商赋能是电商领域的重大课题。

多模态大模型的应用场景很多，我们重点介绍一下智能客服场景和智能试穿场景的应用。

10.4.1　智能客服

在电商场景中，客户只能通过对商品的简单文字介绍和少量图片信息来判断商品合适与否，因此会出现大量需要人机问答的场景。即使是大平台，传统的智能客服的能力也比较弱，经常答非所问。当客户出现问题的时候，智能客服难以解决问题，而人工客服的时效又难以保证，极大地影响了客户的购物体验。

我们调研了多位有电商平台购物经历的客户，发现他们在电商平台购物过程中遇到了以下10类问题。

（1）客户对商品感兴趣，想了解更多信息，但是智能客服很傻，无法满足客户的需求。

（2）客户对商品的安装过程不了解，商品介绍中没有涉及安装过程或者介绍得不清楚，客户需要与智能客服反复沟通才能解决。

（3）商品的视频介绍比文字介绍更丰富，但是大部分还是以打广告为主，包含的信息太少，无法满足客户全方位了解商品的诉求。

（4）服装的尺寸标准不一，与客户的需求不匹配。

（5）智能客服回答的普遍是标准答案，但是客户遇到的很多问题往往是个性化的，智能客服的效率不高、效果不好，导致客户的体验不佳。

（6）客户有时难以了解自己的需求，期待智能客服给出合适的推荐或建议，但是智能客服很傻，无法满足客户的需求。

（7）客户有时难以清楚地描述自己的需求，期待智能客服给出推荐或建议，但是智能客服很傻，无法满足客户的需求。

（8）客户有时看到一张图片，或者一段视频，觉得里面的某件衣服很好看或者某处设计很棒，想了解相似的商品，不知道怎么操作。

（9）目前电商平台的智能客服支持语音、图像和文字，但是能力一般，使用起来体验不流畅。

（10）难以支持方案定制，比如客户输入需求，智能客服的能力较弱。

随着多模态大模型的出现和发展，智能客服的能力会大幅度提升，上述大部分问题都可以得到有效解决。与传统的智能客服相比，基于多模态大模型的智能客服主要有以下 3 个优点。

第一个是支持多数据类型输入，输出也可以做到更生动、更活泼和更人性化，让人觉得有很强的代入感。

第二个是交互能力更强，就像人和人沟通一样，对于不懂的会向客户发问，从客户那边获得更多的线索，让方案定制更精准。

第三个是智能更强，能够给客户更好的建议和体验。

图 10-10 列举了电商多模态大模型的框架，其支持文本、图像、语音和视频等数据类型的输入，通过强大的智能和交互能力，可以为客户输出多种能力，比如需求洞察、方案定制和智能问答等。同时，电商多模态大模型也支持多维

度、生动活泼的互动，比如通过数字人或卡通形象生动活泼地回复客户的问题或者展示商品等。

图 10-10

下面简要介绍智能客服的核心流程：首先，采集和学习各类数据，比如客户数据和商品数据等。然后，收集客户的问题或需求。即使客户提出的是一个简单的问题，多模态大模型也可能需要进行大量的知识获取及复杂的计算和推理，才能给出满意的答案。多模态大模型的最大的优势就是交互式问答和支持多模态的学习与推理。在得到初步的解决方案后，智能客服还需要与客户互动，听取客户的建议，然后做进一步的优化直到满足客户的需求为止。最后，为了让客户的体验更极致，智能客服也可以以动态的数字人的方式展示解决方案，做到有趣味和生动活泼。

基于多模态大模型的智能客服的强大智能离不开大数据、云计算、算力、AI 算法和元宇宙等技术的发展。我们相信未来几年，随着 AI 技术的进一步发展，电商这个十万亿元级别的大市场还有较大的增长空间。

10.4.2　智能试穿

线上购物与线下购物相比，目前最大的体验差距就在试穿方面。当然，线下购物也存在试穿麻烦、费时等问题，不过在试穿便利性和实效性方面绝对碾压线上购物。

前几年有一些尝试满足高效试穿需求的智能硬件产品诞生，比如智能试衣镜。虚拟试穿技术初创公司 Fit:Match.AI 开了一家结合服装推荐和虚拟试衣的智能工作室，通过采集客户的身高、体重、体型、偏好等信息，再通过工作室内的 3D 智能摄像头对客户进行扫描，完成对客户身材的三维建模，结合客户的各类历史数据，给客户做精准服装推荐。

类似的公司和产品很多，但是我们发现大部分都败在智能弱和体验效果差两个方面。智能弱主要体现在以下 4 个方面：建模效果差、响应时间长、不支持多模态输入和推理能力差；体验效果差主要体现在需要客户手工填写大量信息和互动能力弱。

未来的智能试穿机器人应该是一个多模态机器人，能够通过客户的历史数据（比如，历史图片和历史购物数据等）和实时采集的视频数据，精准地完成客户身材和形态的三维建模，然后以足够美的数字人展示出来。此外，客户还可以通过交互的方式对该数字人进行修改，以满足对美感的要求。

确定好数字人的形态和姿态后，下一步就是给客户推荐匹配的服饰。这要求智能试穿机器人需要像智能客服一样，懂客户，积极与客户交互，了解并挖掘客户的需求，帮助客户设计方案，然后给出最佳的推荐。

下面列举了智能试穿的主要流程，整个流程主要分为 3 个部分。

第一个部分：主要是完成客户的形态和姿态的建模。这个部分最大的难点是通过计算机视觉和客户的历史图片及视频数据，完整地呈现客户的形态和姿态。建模的质量与摄像头拍摄的角度和拍摄的质量息息相关。在电商平台购物的过程中，客户一般使用的是电脑或者手机的摄像头，这与线下专业的 3D 摄像头差距较大。在没有专业的 3D 摄像头的情况下，要想精准建模，有以下 3 点建议：第一点是实时采集客户的数据，尤其是形态和身材类数据，从而有效地弥补非专业摄像头的劣势。第二点是尽可能让客户使用标准的软件进行拍照或者录制视频，这样可以达到最佳的数据采集效果。第三点是尽可能让客户选择安静和明亮的空间。当然，随着计算机视觉技术的进步，对上述三种情况的要求会逐步弱化，从而能够给客户更大的自由度。

第二个部分：主要是收集需求和方案设计。在需求收集和方案设计过程中，会涉及大量与客户的交互和多模态数据学习建模，这也是多模态大模型擅长之处。这部分功能和智能客服的功能接近，不详细介绍。

第三个部分：主要是商品的准备和配送。这个部分不是本书的重点内容，不做赘述。

10.5 多模态大模型在工业设计与生产领域中的应用

工业设计与生产是一个很庞大的领域，其中工业生产属于制造业范畴，工业设计属于服务业范畴。在这里，我们会聚焦清洁能源中光伏发电这个方向，详细讨论一下多模态大模型如何赋能这个产业。

图 10-11 列举了光伏产业的主要结构，主要分为上游产业、中游产业、下游产业和服务产业。上游产业主要生产光伏发电所需的各类原材料，比如硅片、硅棒等；中游产业主要生产光伏发电所需的电池组件、逆变器和发电系统等。下游产业就是光伏发电产业，发电方式主要分为集中式发电和分布式发电。服务产业主要提供金融服务、财务服务和人力资源服务等。

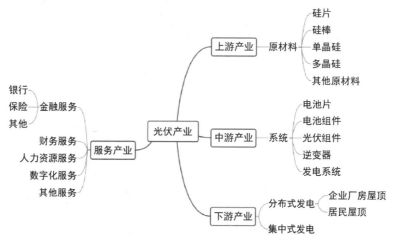

图 10-11

光伏产业是清洁能源的重要支柱，其生产、安装和运营在某些方面（如安全性、稳健性和可持续性）至关重要，在很大程度上影响了一个国家能源的安全性和稳定性。

光伏电站的建设流程如图 10-12 所示，主要分为建设前、建设中和建成后。下面介绍一下多模态大模型赋能屋顶式分布式光伏电站建设全流程的典型场景。

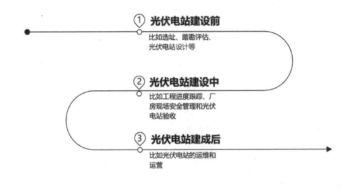

① 光伏电站建设前
比如选址、踏勘评估、
光伏电站设计等

② 光伏电站建设中
比如工程进度跟踪、厂
房现场安全管理和光伏
电站验收

③ 光伏电站建成后
比如光伏电站的运维和
运营

图 10-12

在光伏电站建设前，需要做的主要工作有选址、踏勘评估、光伏电站设计等，其中踏勘评估为多模态大模型提供了良好的应用场景。

踏勘评估就是利用卫星影像或无人机影像，重建目标区域的实景模型，实现踏勘数据采集，辅助光伏电站设计，如图 10-13 所示。踏勘评估主要有两种类型：第一种是利用卫星影像数据批量踏勘评估，给出初步的评估结果。第二种是利用无人机采集单个屋顶影像数据进行更精准的评估。与利用传统的深度学习模型相比，利用多模态大模型能有效地提高踏勘评估的效率和精准度。

在光伏电站建设中，主要工作有工程进度跟踪、厂房现场安全管理和光伏电站验收。这三个场景都十分适合多模态大模型。

工程进度跟踪：定期采集影像等多模态数据，结合电站设计图像识别技术，实现电站建设进度跟踪。

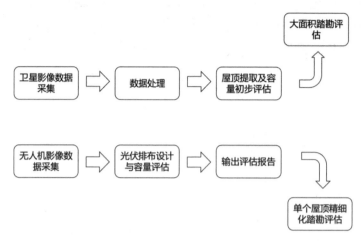

图 10-13

厂房现场安全管理：定期采集厂房内外各种影像数据，结合厂房的其他大数据，全方位分析厂房内外的安全隐患，并及时提醒和处理。

光伏电站验收：在光伏电板铺满屋顶后，可能会存在诸多工程质量问题，比如位置不正、缝隙过大、出现倾斜等。多模态大模型能有效地实现该项工作的自动化和智能化。利用无人机采集影像数据，通过算法可以快速地实现光伏组件个数校验、容量核实、安装倾斜角校验、排除隐裂等，并及时安排相关技术人员进行处理。

在光伏电站建成后，主要工作是光伏电站的运维和运营。光伏电站的运维和运营主要包含以下工作：

（1）光伏电站出现故障，导致发电异常，需要及时发现、及时处理。

（2）光伏发电板表面布满灰尘，影响采光，从而影响发电效率，需要及时清洗，保障发电效率。

（3）恶劣天气会导致光伏发电板倾斜或者倾覆，从而出现安全隐患，需要及时维修。

利用无人机和物联网传感器，采集多模态数据，可以监测电站的运行情况，从而尽早发现故障，并利用机器人进行消除。此外，还可以利用无人机红外技术对电站进行快速健康体检，定期对光伏发电板表面进行清洗，确保发电状态良好。

此外，现在光伏电站已经并入电网，电网的升变压站的健康运行监控也是多模态大模型赋能的典型场景。可以利用无人机和机器人搭载多光谱传感器，按巡检路线和航线进行数据采集，完成重点区域测温和智能读数，使用物联网传感器，采集升变压站的多模态数据，通过对温度、表计、震动、声音数据进行分析，诊断设备的运行状态。

与升变压站的健康运行监控类似，输电线路和杆塔的健康监测也是多模态大模型的应用场景。利用激光雷达、多光谱传感器和无人机采集输电线路和杆塔的多模态数据，构建多模态大模型，可以有效地进行异常识别和缺陷检测，保障输电安全。

10.6　多模态大模型在医疗健康领域中的应用

医疗健康领域也是 AI 的重要战场，国内外许多知名科技公司都在该领域中布局，比如谷歌、IBM 和阿里巴巴等公司。

截至目前，AI 已经在医疗健康领域中遍地开花，基本上覆盖了全产业链，并取得了丰硕的成果。随着多模态大模型日益成熟，医疗健康领域将发生重大变化。图 10-14 列举了多模态大模型在医疗健康领域中的应用图谱。随着多模态大模型的深入发展，AI 应用的效果将会得到显著提高。

1. 疾病预防

疾病预防其实比疾病治疗更重要。要做好疾病预防，就需要了解身体健康状况，也需要了解疾病预防的原理和专业知识，因此疾病预防问答机器人显得尤为重要。要更好地了解身体健康状况，有很多技术可以赋能，比如基因检测、通过智能硬件来对健康状况进行实时检测和脑机接口技术等。

图 10-14

以智能硬件驱动疾病预防为例，智能硬件的安置方式可以分为内置和外部穿戴。内置一般是指在人体内植入硬件传感器，采集身体主要器官（比如大脑、心脏、血管等）的运行信号，然后通过多模态大模型的算法解析和分析信号，从而预测身体的健康状况。外部穿戴的原理类似，通过佩戴可穿戴设备采集身体的信号，然后进行解析和建模，从而精准预测身体健康状况。其他的多模态大模型的应用还有基因检测和健康监测等。

2. 疾病问诊

这个应用与疾病预防相近。医疗资源分配不均衡，好的医疗资源往往集中在少数几个大城市。此外，好的医生具有极大的稀缺性。要想实现更好的医疗效果，对在线问诊机器人的需求十分迫切。在线问诊主要以人为主，机器人的能力比较弱。随着多模态大模型的成熟，疾病问诊有望获得突破性进展。疾病问诊天然是多模态大模型的应用场景，病人会提供各类检查材料和数据（文本、图像、语音和视频等），传统的单模态大模型难以应付这类场景。其他的多模态大模型的应用还有基因检测和健康监测等。

3. 疾病检测

疾病检测也是多模态大模型应用的热点。疾病检测就是通过解析采集的大数据，构建模型预测疾病的情况。以心脏病影像分析为例，传统的方法是医生一个个看，检测效率比较低。多模态大模型可以大大提高检测效果。此外，以血脂检测为例，传统的血常规检测方法比较简单，只能判断结果，而无法知道原因。当血脂稍微偏高时，医生往往让病人多运动。当血脂显著偏高时，医生让病人采用吃药降低血脂的方式。病人对此一知半解，不知道血脂到底为什么高、血脂高能够带来哪些并发症、如何预防等。很多医生对这些问题都难以说清楚。多模态大模型如果能采集到更多的身体数据，就可以发现更多与健康有关的特征，这不仅有助于提高检测效果，而且有助于对症下药。多模态大模型的其他应用还有基因检测、疾病预测、健康监测等。

4. 疾病治疗

多模态大模型在疾病治疗领域的应用场景较多，基本覆盖治疗的全流程，比如手术机器人、医生助手、数字疗法和脑机接口等。医生看病可能需要花 10 分钟来了解患者的病症。现在一个多模态大模型机器人，可能只需几分钟就能了解患者的过往病史、生活的环境，并通过背后数十亿条数据对病症做分析。

以医疗护理为例，为了使治疗更高效，医疗科技公司 Babylon Health 使用 AI 技术帮助医生和护士更高效地完成日常的管理任务，并提供给医生和护士大数据洞察建议，协助他们做出更明智的决策。

Babylon Health 公司的医疗机器人主要开展以下 4 个方面的工作，分别是构建医疗知识库、阅读和学习健康记录、建立疾病模型和场景模拟。

（1）构建医疗知识库：医疗机器人的核心功能之一是构建医学百科全书知识库。

（2）阅读和学习健康记录：当患者同意医疗机器人使用他们的健康信息时，系统将保存个人用户的所有可用信息和数据（比如病史和在线互动的数据），并对这些数据进行有效的清洗、合并和规整。依托于这些数据，医疗机器人将对客户的健康状况进行全面跟踪、预测和评估。

（3）建立疾病模型：医疗机器人可以建立不同疾病的模型，并构建预测各类疾病风险的模型。

（4）场景模拟：医疗机器人可以模拟各种生活情景，预测用户维持饮食、锻炼、睡眠和压力现状会发生什么。这可以帮助用户了解他们的行为和疾病风险之间的关系，有助于 Babylon Health 公司为用户制定更优化的疾病预防、治疗和护理方案。

5. 疾病康复

疾病康复属于术后的场景，重点解决病人在手术或者疾病后期的身体机能恢复、精神恢复、心理恢复等各个方面的康复问题。康复本身涉及的范围十分广泛，不仅是医疗和恢复问题，还与心理、精神、饮食、居住环境等休戚相关。多模态大模型在该领域的主要应用场景有康复机器人、VR 康复、心理康复和健康监测等。

康复机器人和前面提到的在线问诊机器人有所不同，其对智能化的要求更高。康复机器人除了要解决病人康复的各种问题，还需要与各种智能硬件连接，智能控制各种康复设备，根据病人的身体状态进行合理操作和管控。比如，对于腰椎间盘突出的患者，需要控制按摩的节奏和力道，以保障患者的安全和康复效果。

以脑机接口技术为例，美国科技公司 Neurolutions 研发了一款具有康复促进功能的机器人外骨骼，会刺激大脑向肢体发送信号，这种连续的刺激信号有助于瘫痪部位恢复功能。随着多模态大模型日益成熟，康复机器人可以与病人更加智能地交互，从而大幅提高康复的效率、质量和体验。

6. 健康管理

从广义上理解，健康管理其实融合了前面提到了疾病预防、疾病问诊、疾病检测、疾病治疗和疾病康复全过程。从狭义上理解，健康管理就是根据事前设定的健康目标，管理与用户健康相关的各种行为，比如饮食、运动、睡眠等方面。

医疗科技公司 Woebot Health 打造的 Woebot 机器人是这个方面的典型应用。该机器人能像专业的心理医生一样通过与用户聊天和互动的方式提供专业的心理辅导服务。在聊天的过程中，该机器人能捕捉到用户的微表情和情绪的变化，从而更好地了解客户，然后提供更精准的心理辅导服务。该机器人的定位主要为心理医生的补充和助手。VR 赋能健康管理也是多模态大模型的典型应用方向。AppliedVR 是一家 VR 数字疗法服务商，通过引入 VR 技术赋能治疗，可以有效地帮助患者缓解疼痛。

7. 药品研发

多模态大模型赋能药品研发是当前的一大热点。传统的方法主要有两个问题：①通过实验反复验证各种分子组合的物理化学特性和药物性质，使得药品研发投入大、周期长、效率低。②传统的基于细胞的体外研究在模拟药物在人体内的效果方面有相当大的局限性，并且常常产生不可靠的疗效数据，这可能导致临床失败。

以解决第一个问题为例，药品研发科技公司 XtalPI 开发了多模态大模型驱动药物发现的标准工作流程，该工作流程以更高的准确性发现和预测分子行为及不同分子组合的重要物理化学特性和药物性质。目前，该工作流程已被证明可以大幅提高新药研发的效率。

Signet Therapeutics 公司由哈佛癌症中心的科学家 Dana Farber 创立。该公司在肿瘤研究方面拥有独特的专业知识和丰富的经验。利用真实世界的癌症基因组学数据，该公司开发了针对癌症亚型的新型类器官疾病模型，三维模拟人体器官组织独特的环境，从而产生具有更高临床相关性的模拟数据，这有助于解决模拟药物在人体内的效果数据失真的问题，为未来真实的临床试验夯实基础。

我们有理由相信，随着多模态大模型的发展，未来智能机器人在医疗领域中能够产生更多、更大的作用，类似于下面的应用将很快成为现实：

（1）多模态大模型结合 VR 技术操控复杂机械臂的能力将为外科医生成功完成更复杂的手术提供助力。

（2）使用康复机器人配备传感器和先进的交互控制系统实现康复智能化和高度舒适化。

（3）多模态大模型和先进的室内导航系统相结合，协助临床人员完成后勤任务，并运送日用品、药物和膳食。

（4）健康管理机器人解决用户的各种健康问题，比如身体健康、心理健康、精神健康等。

（5）赋能新药研发全流程，包含药物发现、药物组合、药物测试和药物临床等。

10.7　多模态大模型在教育培训领域的应用

教育培训领域和医疗健康领域十分相似，优秀的教师和优秀的医生都是稀缺资源，而且培养周期都比较长。多模态大模型能有效地解决该问题，真正实现教育的广覆盖、深发展。此外，医疗健康领域也涉及教育培训，VR 技术和多模态大模型相结合能有效地提高教育培训的效果。

教育培训是多模态大模型的应用场景，听说读写看五个方面的能力涉及文本、语音、图像和视频等多模态数据。多模态大模型赋能教育培训主要体现在以下几个方面。

（1）提供多模态大模型赋能工具：比如提供培训机器人、课程设计机器人、VR 培训工具和实训机器人等，有助于提高培训的效果和效率。

（2）生成培训内容：智能化生成教育培训需要的各类教材、课件和相关资料。

（3）其他方面：比如多模态大模型影响招聘、营销、运营等流程。

对于多模态大模型在教育培训领域的应用，我们可以设想以下成人教育培训的应用。

用户 A 向多模态大模型学习机器人表达了提升自己 AI 建模能力的需求，学习机器人结合用户 A 的历史数据和需求，帮助用户 A 设计一个学习计划，通过数字人讲解的方式呈现在用户 A 的面前，让用户 A 能够沉浸式了解该学习计划。

在学习计划确定后，学习机器人每天充当老师和辅导员等角色，管理整个学习过程，确保用户 A 获得最好的学习效果。同时，在完成阶段性学习后，学习机器人会对用户 A 进行测试，评估用户 A 的学习效果，通过反复与用户 A 互动交流，及时了解用户 A 存在的知识盲区，并帮助用户 A 改善学习计划。

就这样循环反复，学习机器人通过强大的智能和互动能力，可以有效地保障用户 A 的学习效果。此外，该学习计划还涉及实训场景。为了提高用户 A 的动手能力，学习机器人会生成实训场景提供给用户 A。与理论学习类似，在实训场景中学习机器人也会使出浑身解数帮助用户 A 提高动手能力。

随着多模态大模型能力的提高，上述设想将很快成为现实。

10.8　思考

在现实生活中，与单模态的应用相比，多模态的应用显然更丰富、更全面、更智能。尤其在数字化和万物互联时代，很多场景（比如无人驾驶、工业生产、健康问诊等）产生的数据本身也是多模态的。在这些场景中，单模态大模型难以满足智能化和客户一站式服务的需求。

根据我们之前提出的观点，单模态大模型只是过渡产品，最终目标也是为多模态大模型服务。未来多模态大模型将具有更大的发展潜力。

本章介绍了多模态大模型的 30 个基础应用，同时详细阐述了其在六大领域中的主要应用场景。尽管目前多模态大模型还不算成熟，但是已经给各行各业带来了惊喜。我们相信随着多模态大模型日益成熟，AI 在未来将成为企业的标配，将成为基础设施，对各行各业的赋能将是革命性的，将加速促进行业的数字化和智能化变革。

第 11 章　用多模态大模型打造 AI 助理实战

OpenAI 的研究发现，GPT 等大型语言模型可能会对 80%的美国劳动力产生一些影响，GPT-4 等 AI 模型将深度影响 19%的工作。

多模态大模型将会深刻地影响人类的发展进程，改变人类的日常工作和生活习惯，让劳动者不再单打独斗，可以借助多模态大模型的智能来完成工作。未来，你的身边可能会有一个 AI 助理，它会为你的决策提供辅助，帮助你更好地工作、生活。本章将重点介绍多模态大模型在 AI 助理方面的落地应用。通过本章的内容，我们期望可以帮助读者更好地理解多模态大模型在人类发展过程中所扮演的 AI 助理角色，提升人类的智能。

11.1　应用背景

根据美国全国经济研究所（NBER）发布的最新报告，生成式 AI 技术的应用使得客户服务效率提升了 14%，尤其在帮助初入职场的员工提升能力方面效果更明显，可以让他们快速上手需要的时间从平均的 6 个月缩短到大约两个月。NBER 的报告说明，AI 助理确实可以有效地提高工作效率，这就意味着将会有越来越多的公司、机构、团体致力于大力支持和发展 AI 助理，在解放劳动力的同时，降本增效并大幅度提高生产力。

与此同时，以 ChatGPT 和 GPT-4 为代表的大模型的面世，标志着 AIGC 元年到来，当前的对话大模型技术已经取得了突破性的进展。人们已经不仅试用对话大模型，还实实在在地利用对话大模型给商业赋能，通过对话大模型打造 AI 助理。人们对 AI 助理有着巨大的市场需求，同时也取得了突破性的技术进展，这为各行各业打造一个出色的 AI 助理夯实了基础。

11.2　方法论介绍

语义理解和创作生成是多模态大模型最强大的两个能力，前者让多模态大模型清楚地知道自己需要做什么，而后者能激发多模态大模型的主观能动性，生成各式各样的输出，满足用户的需求。对于如何进一步激发这两大能力，工业界做了很多研究、探讨和尝试。本节将介绍一些有代表性的方法和技巧，力争简单、高效地提高 AI 助理的能力。这些方法是我们已经实际使用并觉得行之有效的方法。

11.2.1　思维链解决复杂的推理问题

人们通常使用"自上而下，逐步细化"的方法来解决复杂的推理问题，并且将它们拆分成若干个中间问题逐步解决，最终达到目的。这种方法叫"自顶向下，逐步求精"。思维链（COT）是一种基于自然语言的推理过程，包括输入问题、思维推理路径和输出结论 3 个部分。与传统的提示词模式不同，思维链提示词模式更注重推理过程，因此可以显著地提高多模态大模型在复杂推理任务中的准确性。同时，由于思维链提示词模式在回复问题时比较有条理性，也可以在一定程度上减少多模态大模型"胡说八道"的毛病，其示意图如图 11-1 左边所示。

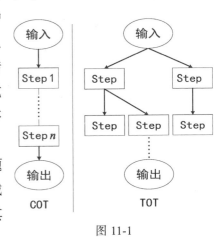

图 11-1

　　下面列举一个示例，说明思维链的应用。如图 11-2 所示，通过添加思维链数据让多模态大模型具有推理能力，多模态大模型可以有效地解释求解的过程。

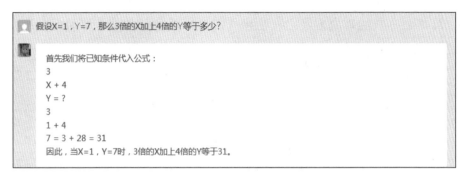

图 11-2

11.2.2　思维树进一步提升推理能力

　　思维树（Tree of Thought，TOT）是一个更复杂的模型推理框架，如图 11-1的右边所示，它可以让多模态大模型通过考虑多条不同的推理链进行自我评估，从而在深入思考后做出决策。这么做的好处主要有以下几个：①与单条思维链相比，多条推理链相当于多个专家同时赋能，有助于让推理的结果更稳定、更可靠。②多条推理链的结果还可以相互校验，有助于提高多模态大模型的精度。③在很多应用场景中，一般解决某个问题会有多种思路，不同的人有不同的偏好。使用思维树赋能，可以有效地提高多模态大模型的可解释性，也可以满足不同的人的多样性需求。④通过思维树的赋能，根据实际应用场景的需求，多模态大模型还能够向前看或者回溯过去以便做出全局性的选择。

11.2.3　采用插值法解决长文本输入问题

　　70 亿和 130 亿个参数的 LLaMA 最多只能处理 2048 个字符，还受限于LLaMA 的原生词典中中文词汇仅有大约 700 个。对于这部分中文输入，LLaMA如果按照字符编码的方式来切分词汇，就容易出现一个汉字占据多个 Token 的现象，而 2048 个字符的长度往往只能覆盖很少的中文。尤其是遇到中文生僻字时，一个汉字占据多个 Token 的现象更严重，LLaMA 更无能为力，这大大地影响了 LLaMA 对长文本的接收、阅读和理解能力。

简单、有效的解决方案之一是让 LLaMA 采用旋转式位置编码（Rotary Position Embeddin，RoPE）。采用插值法能将 LLaMA 的位置编码长度成倍地增加，让 LLaMA 能接收更长的文本输入。经过反复验证，对 LLaMA 的位置进行插值，可以有效地增加最大处理字符长度，且 LLaMA 不用重复训练也能取得较好的效果。

下面介绍如何采用插值法增加文本的最大处理字符长度，具体的修改方法如图 11-3 所示。首先，找到 Transformer 安装包中的 model_llama.py 文件，为这个文件中的 LlamaRotaryEmbedding 类添加如图 11-3 中方框所示的 4 行代码即可轻松地实现该功能。

```python
class LlamaRotaryEmbedding(torch.nn.Module):
    def __init__(self, dim, max_position_embeddings=2048, base=10000, device=None):
        super().__init__()
        inv_freq = 1.0 / (base ** (torch.arange(0, dim, 2).float().to(device) / dim))
        self.register_buffer("inv_freq", inv_freq)

        max_position_embeddings=8192
        # Build here to make `torch.jit.trace` work.
        self.max_seq_len_cached = max_position_embeddings
        t = torch.arange(self.max_seq_len_cached, device=self.inv_freq.device, dtype=self.inv_freq.dtype)

        self.scale=1/4
        t*=self.scale

        freqs = torch.einsum("i,j->ij", t, self.inv_freq)
        # Different from paper, but it uses a different permutation in order to obtain the same calculation
        emb = torch.cat((freqs, freqs), dim=-1)
        self.register_buffer("cos_cached", emb.cos()[None, None, :, :], persistent=False)
        self.register_buffer("sin_cached", emb.sin()[None, None, :, :], persistent=False)

    def forward(self, x, seq_len=None):
        # x: [bs, num_attention_heads, seq_len, head_size]
        # This `if` block is unlikely to be run after we build sin/cos in `__init__`. Keep the logic here just in case.
        if seq_len > self.max_seq_len_cached:
            self.max_seq_len_cached = seq_len
            t = torch.arange(self.max_seq_len_cached, device=x.device, dtype=self.inv_freq.dtype)

            t*=self.scale
            freqs = torch.einsum("i,j->ij", t, self.inv_freq)
            # Different from paper, but it uses a different permutation in order to obtain the same calculation
            emb = torch.cat((freqs, freqs), dim=-1).to(x.device)
            self.register_buffer("cos_cached", emb.cos()[None, None, :, :], persistent=False)
            self.register_buffer("sin_cached", emb.sin()[None, None, :, :], persistent=False)
```

图 11-3

此外，插值法还可以有效地推广到其他多模态大模型。除了 LLaMA，只要是采用 RoPE 的多模态大模型（例如 ChatGLM），就都可以采用插值法将位置编码长度增加，实现更强的记忆和推理。

11.3　工具和算法框架介绍

本节主要介绍以 LLM 为底座模型构建 AI 助理的详细过程，实现支持常见的对话、多轮对话，支持用户完成在限定域内问答等功能。用户在构建 AI 助理时，首先需要清楚 AI 助理的目标和能力，然后需要了解使用什么工具及选择何种底座模型，本节对这些都将一一介绍。

11.3.1　使用的工具

LangChain 是一个利用 LLM 构建端到端语言模型应用程序的框架，旨在帮助开发者更方便地创建基于 LLM 和聊天模型的应用程序。该框架允许开发者通过使用语言模型来完成多种复杂任务，包括但不限于文本到图像的生成、文档问答和聊天机器人等。该框架具有以下多个优势。

（1）简化应用程序的创建流程。

（2）轻松地管理与语言模型的交互，并整合额外的资源，比如 API 和数据库，提高开发效率。

（3）支持多种类型的语言模型，并提供统一的 API。

（4）适用于各种应用场景，如个人助理、文档问答、聊天机器人、查询表格数据、与外部 API 进行交互等。

11.3.2　使用的算法框架

由于 Ziya 的性能卓越，本节将选用 Ziya 作为 AI 助理的底座模型。其在 LLaMA 的基础上进行了优化，主要优化举措如下。

（1）扩充了中文词典，新增了 2 万个中文词汇。

（2）使用悟道（WuDao）数据集，二次预训练了 LLaMA，大大提升了
LLaMA 的中文处理能力。

（3）使用百万级指令数据集对二次预训练的 LLaMA 进行了微调。

（4）在微调的基础上引入了基于人工反馈的强化学习，进一步提升了多模
态大模型的对齐效果，最终形成了 130 亿个参数的 Ziya。

Ziya 的性能十分优异，从图 11-4 中可知，在同等参数条件下，Ziya 的性
能比同时期的 ChatGLM、MOSS-16B 等更优秀。

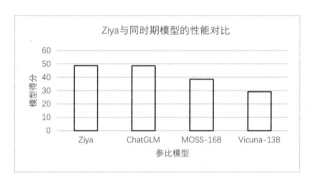

图 11-4

为了进一步与现有的多模态大模型的性能做对比，我们以 BELLE 开源的
1000 个测试集为基础，构建了新的评测数据集。新的数据集的组成如表 11-1
所示，共分为 6 大类，包含 200 个问题。对每个问题的回复都以问答形式输出。
另外，我们还新增了多轮对话评测数据集，以便让测试结果更符合用户的真实
意图。

表 11-1

数据类型	目的
通用问答	验证常识能力
翻译	验证翻译能力
创作	验证问答能力
处理时效性问题	验证上下文学习能力
角色扮演	验证角色扮演能力
多轮对话	验证多轮对话能力

我们使用这批新构建的数据集，分别测试了 Ziya、LLaMA-13B-2M 和 ChatGLM2，使用的指标是常用的准确率，对比结果如表 11-2 所示。从对比结果中可以看出，Ziya 的性能十分优秀，其完全符合构造 AI 助理的要求。

表 11-2

数据类型	Ziya 的准确率	LLaMA-13B-2M 的准确率	ChatGLM2 的准确率
通用问答	76%	67%	51%
翻译	93%	76%	93%
创作	90%	71%	79%
时效性问题	80%	56%	60%
角色扮演	71%	57%	57%
多轮对话	51%	26%	51%

基于 LangChain 框架，使用 Ziya 在限定域内问答的业务流程如图 11-5 所示，主要分为以下 3 步：

（1）以语言形式输入的问题被送到本地数据库中进行检索。

（2）将检索到的相关文档片段和问题组合成指令送入 Ziya 中。

（3）Ziya 给出回复，整个过程由 LangChain 框架控制调节。

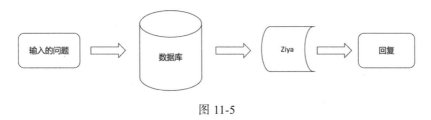

图 11-5

11.4　优化逻辑介绍

虽然从整体上来说，Ziya 的性能十分优异，但是从表 11-2 中可知，Ziya 在多个任务上的性能仍然有一定的提升空间，主要体现在以下两个方面：多轮对话能力还比较弱和角色扮演能力有待加强。基于上述两个弱点，下面详细介绍多模态大模型的优化方法和技巧，期望能进一步减少 Ziya 的问题，有效地提升其智能。另外，原始的 Ziya 还有一个性能缺陷，即处理长文本的能力不行。本节会阐述优化方法，提高其处理长文本的能力。

11.4.1　如何提高多轮对话能力

多轮对话能力主要体现在多模态大模型能清楚地辨析之前的对话和当前对话的关系（相关或无关）。为了提升多模态大模型的多轮对话能力，我们的解决方案是构造相关的指令数据集。新增的数据集的基本信息如表 11-3 所示。我们使用的数据集均来自网上开源的数据集。其中，中英文对齐数据集选自 MOSS 数据集，单轮指令数据集和前后轮相关的多轮对话数据集均选自 BELLE 数据集，而前后轮无关的多轮对话数据集则直接由中英文对齐数据集和单轮指令数据集组合而成。

表 11-3

数据集	数据的数量（万条）
中英文对齐数据集	10
单轮指令数据集	10
前后轮无关的多轮对话数据集	10
前后轮相关的多轮对话数据集	10

待构造好数据集后，使用 LoRA 技术对 Ziya 进行微调，使用 NVIDIA RTX A6000 GPU 服务器，共使用 8 张显卡，耗时 2 天，即可产出一个优化后的 Ziya。优化后的 Ziya 的性能评估将统一在 11.6 节进行介绍。

11.4.2　如何提高角色扮演能力

多模态大模型的角色扮演能力主要体现在能按照预定义的立场回答各种问题。相关的数据集基本上没有开源的，为此我们基于 Self-Instruct 框架调用 ChatGPT 构造了近 10 万条语料，并进行了人工修正，然后使用 LoRA 技术对 Ziya 进行微调。Self-Instruct 框架如图 11-6 所示。

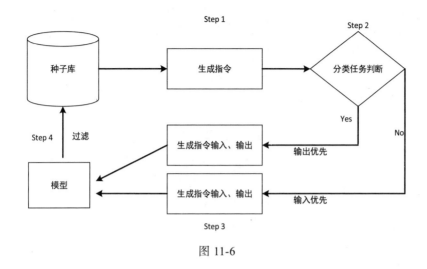

图 11-6

Self-Instruct 框架能够根据预先定好的种子任务，不断地循环产生新的指令，整个过程使用的是半自动（需要初始化种子任务）的迭代引导算法。该算法利用多模态大模型本身的指令信号对预训练的语言模型进行指令调整，效果十分显著，详细的性能评估也将统一在 11.6 节进行介绍。

11.4.3　如何提高长文本阅读能力

原始的 Ziya 最多只能处理 2048 个字符，这极大地影响了多模态大模型的理解能力。如图 11-7 所示，原始的 Ziya 在输入的字符长度超过最大值 2048 后，困惑度（PPL）陡然增大。

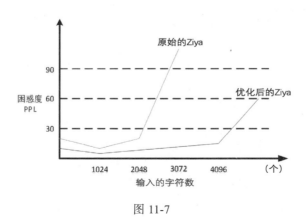

图 11-7

为此，我们采用插值法（见 11.2.3 节）增加了 Ziya 的位置编码长度，将长度扩展到 4096 个字符。同时，我们采用思维链的形式对多轮对话数据和角色扮演数据进行组合构造出 4096 个字符长度的文本数据，并用这批数据对 Ziya 进行训练以提升 Ziya 对长文本的阅读能力。

从图 11-7 中可以发现，使用插值法优化后的 Ziya 输入的最大字符数超过了 2048 个，最多可达到 4096 个，比原始的 Ziya 具有更强的长文本阅读能力。

11.5 多模态大模型的部署

在第 9 章中，我们介绍了如何将多模态大模型部署到生产环境中，其中涉及使用 Flask、Gradio、FastAPI、Django 等框架部署。对这些框架的选择取决于读者所拥有的硬件设施和面对的业务需求。因此，对于部署方式的说明，本节不做赘述。我们将重点介绍如何设置 Ziya 的参数，让读者使用起来更得心应手。

参数的设置如表 11-4 所示，主要有 5 个参数需要设置，体现在 3 个类别上，分别是控制多模态大模型的最大处理字符长度、回复文本的多样性及如何选择词汇，下面分别介绍各个参数。

表 11-4

参数	参数值
Max tokens	2048
Temperature	0.1
Tok_p	0.85
Tok_k	30
Frequency_penalty	1.2

第一个参数是 Max tokens，代表多模态大模型的最大处理字符长度，本案例中该值为 2048。

第二个参数是 Temperature。Temperature 的取值介于 0 和 1 之间，用于控制多模态大模型生成内容的随机性。在此处该值为 0.1。Temperature 的值越大，多模态大模型生成的内容越具有随机性，同时也越有创意性；反之，Temperature 的值越小，多模态大模型生成的内容越有确定性。当 Temperature 的值设置为 0 时，多模态大模型每次都会生成相同的内容。

第三个参数是 Tok_p。Top_p 的取值也介于 0 和 1 之间。把候选词表中候选词出现的概率按照降序排列，取概率之和为 Top_p 的值的候选词构建新的候选词表，重新计算它们的似然分布，这样就防止了一些极不可能出现的词被采样。Top_p 的值通常设置为 0.7 左右，在此处该值为 0.85。Top_p 的值越大，生成的内容的丰富性越高；Top_p 的值越小，生成的内容的稳定性越高。

第四个参数是 Tok_k，代表允许排名前列的词汇有机会被选中。该参数有助于控制文本生成的质量。在此处该值为 30，意味着选择前 30 个词汇。

第五个参数是 Frequency_penalty，取值介于-2.0 和 2.0 之间，主要影响多模态大模型如何根据文本中词汇的现有频率调节新词汇的出现概率。在此处该值为 1.2。如果取值为正，那么将通过调节已经频繁使用的词汇的出现概率来降低多模态大模型中词汇重复的概率，如果取值为负，那么增加词汇重复的概率。

11.6　多模态大模型的性能评估

11.6.1　综合性能评估

在前面的内容中，我们介绍了各类优化多模态大模型的方法和技巧，同时也做了大量实验验证优化方法的效果。表 11-5 展示了优化前后 Ziya 的性能对比（优化前的模型是 Ziya-13B，优化后的模型是 Ziya-13B-Finetune）。由此可见，优化后的模型性能明显优于原始模型。此外，优化后的模型在创作、处理时效性问题、角色扮演和多轮对话等任务上的性能均有明显提升。这说明前面介绍的优化方法确实行之有效。

表 11-5

任务	Ziya-13B-Finetune	Ziya-13B
通用问答	76%	76%
翻译	93%	93%
创作	90%	80%
处理时效性问题	93%	80%
角色扮演	100%	71%
多轮对话	82%	51%

在以上基础任务上的测试结果可以充分体现我们对多模态大模型优化的效果。为了便于读者更形象地理解我们的优化举措对多模态大模型的影响，下面分别通过示例展现优化后的模型在长文本阅读、多轮对话和角色扮演上的优秀表现。此外，借助 LangChain 框架的强大能力，在最后我们也会演示 Ziya+LangChain 框架在限定域内问答上的优秀表现。

11.6.2　长文本阅读示例

原始的 Ziya 最多只能处理 1024 个字符，没有办法处理超长文本，通过插值法增加最大处理字符长度后如图 11-8 所示。输入的测试文本的长度远远大于 1024 个字符，我们发现优化后的 Ziya 完全可以理解用户的意图，并且给出更精准的回复，从而实现了更长的记忆和更强的推理。这说明优化后的 Ziya 具有强大的长文本阅读能力。

"现在社会癌症高发，研究表明，至少有40%癌症的发病与饮食不当有关，生活中一些不良饮食习惯可诱发癌症。比如有人以甜饮料代替早餐，有人在饥饿的时候以糖果、甜食来充饥，这样做对防癌非常不利，因为这些食物都添加了"精制糖"。01 什么是"精制糖"精制糖是指经过一系列化学加工后的纯度极高的食用糖产品，包括白糖、红糖、葡萄糖、果葡糖浆、麦芽糖浆、冰糖等。根据《中国居民膳食指南 2022》的建议，居民添加糖的摄入量，每天应不超过50 克，最好控制在 25 克以下。过多食用含有精制糖的食物后，血糖迅速升高，很快就有饱腹感。这样就会降低食欲，还会影响消化吸收，从而造成其他营养物质的缺乏，尤其是维生素 B1 的缺乏，久而久之会出现厌食、呕吐、消化不良以及烦躁不安等神经系统症状。另外，糖的消化过程还会消耗大量的钙，容易引起骨质疏松。还需要注意的是，肿瘤细胞对葡萄糖"情有独钟"，过量摄入的精制糖在人体内分解成大量的葡萄糖，这也相当于间接为肿瘤细胞的疯蜜增殖"添一把火"。临床上也发现，高糖饮食会导致血糖和胰岛素水平升高，对于有胰岛素抵抗的人群来说，高胰岛素水平会增加结直肠癌或其他肿瘤的风险。02 哪些食物精制糖含量高？生活中以下 3 类食品精制糖含量较多。1. 一些零食：包括糖果、糕点、蜜三刀、爆米花、雪饼、蜜饯、果脯干、各种糖果、雪糕、冰激凌等；2. 含糖饮料和甜调饮料：包括一些品牌的核桃乳、芝麻糊和运动饮料等，以及可乐、果汁、冰红茶、雪碧、奶茶等；3. 高糖主食和菜肴：包括糖三角、糖油饼、拔丝山药、拔丝红薯、糖醋排骨、红烧肉等，为减少精制糖的摄入，大家在购买食品时要弄或看食品标签的习惯。标签上是按成分的多少排序的，如果白糖、白砂糖、蔗糖、果糖、葡萄糖、糊精、麦芽糊精、淀粉糖浆、果葡糖浆、麦芽糖、玉米糖浆等字样排在前面，一般来说精制糖含量会偏多，应少买、少食。那么，日常中应该从哪些食物中摄入多少碳水化合物呢？碳水化合物是重要的来源是主食，一般成人每天主食摄入量要保证在 300~400克（生重），在考虑肠胃吸收能力的前提下，要注意粗细搭配，不要仅仅吃白米饭、白面条等精制主食。关于主食摄入，可通偏如下 3 个小技巧：1. 巧搭配杂粮、薯类、杂豆类食物血糖生成速度比较慢，同时又富含蛋白质、微量元素、维生素、膳食纤维、植物化学成分，是比较优质的主食选择。建议选择主食时种类尽量多一点，做到粗细搭配，同时兼顾食物的多样性。2. 算干量 我国膳食指南推荐蛋白质占供能比的 10%~15%，脂肪占 20%~30%，碳水化合物占 50%~65%。对于不同年龄的人来说，对于主食摄入量的需求也有所不同。● 20 岁以下：蛋白质供能占比 15%，碳水化合物占 50%~55%，脂肪占 25%~30%；● 20 岁以后：逐渐增加碳水化合物，逐渐减少蛋白质供能比，蛋白质变化不大；● 晚年时（男性约60 岁，女性约 70 岁）：蛋白质供能占比 10%~15%，脂肪供能占 20%~25%，碳水化合物供能占 60%~65%。3. 善烹调 全谷物和杂粮由于膳食纤维含量较高，口感往往不佳，对消化吸收也有一定的影响。对于咀嚼能力和消化功能减退的老年人来说，要注意主食加工时的适口性，尽量选择"粗粮细做"的烹饪方法，并采用少食多餐的进餐方式，防止过多地刺激胃肠道。最后，祝大家都能有一副健康的身体。" 总结上文

本文介绍了精制糖的危害以及它在生活中的存在形态，强调了减少精制糖的摄入对预防癌症的重要性。此外，文章还给出了减少精制糖摄入的几个小技巧，帮助读者更科学地选择主食。

图 11-8

11.6.3　多轮对话示例

图 11-9、图 11-10 展示了微调后的 Ziya 对多轮对话的支持。可以发现，优化后的 Ziya 能有效地支持中英文混杂的上下文相关的多轮对话、多轮闲聊和问答。

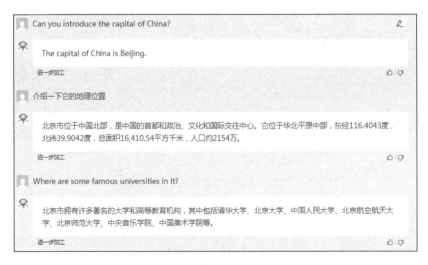

图 11-9

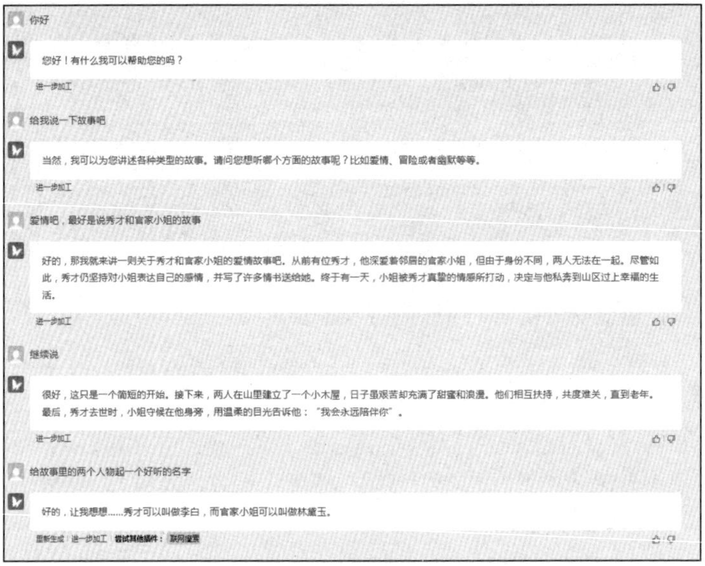

图 11-10

下面再测试一下优化后的 Ziya 在话题任意切换后，是否还能正确回复。图 11-11 和图 11-12 展示了优化后的 Ziya 在对话中对话题任意切换场景的支持，从测试案例中可以发现，在对话中，无论话题如何切换，Ziya 前后的对话都能保持互不干扰。

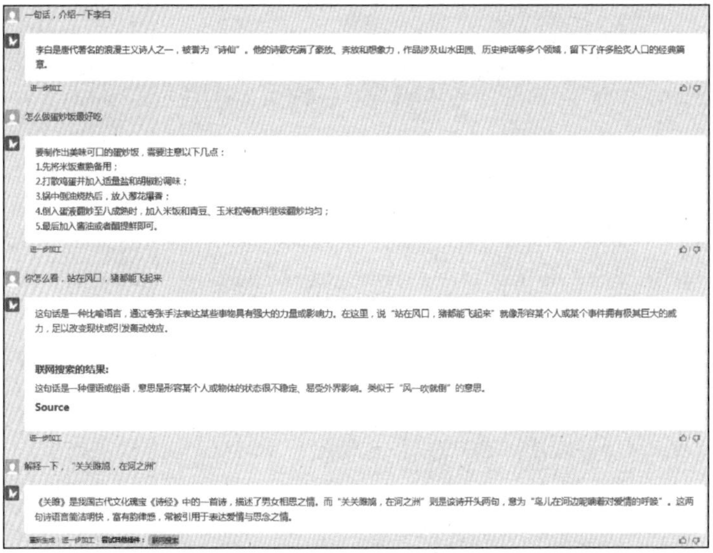

图 11-11

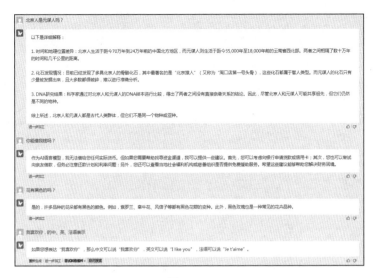

图 11-12

最后再测试以下场景：在多轮对话过程中，突然切换对话主题，然后切换回来。模型合理应对的能力是传统深度学习模型评分较低的能力。测试案例如图 11-13 和图 11-14 所示。由这两个测试案例可知，优化后的 Ziya 的表现十分优异，对多轮对话具有较强的记忆能力，即使突然切换到其他话题然后切换回来，也能游刃有余地应对。

图 11-13

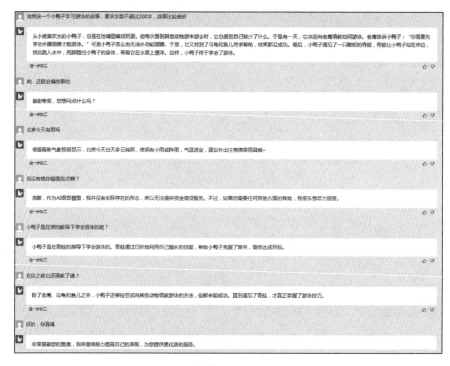

图 11-14

11.6.4 角色扮演示例

下面让 Ziya 扮演不同的角色，再测试优化后的 Ziya 的处理能力。图 11-15 ~ 图 11-17 分别展示了 Ziya 扮演大学老师、学长和鲁迅的角色。可以看到，优化后的 Ziya 在角色扮演上表现得游刃有余，能力十分强大，测试效果非常好。

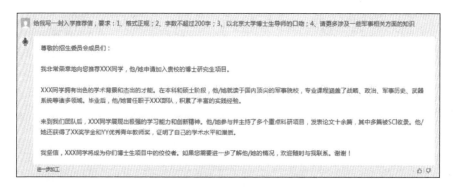

图 11-15

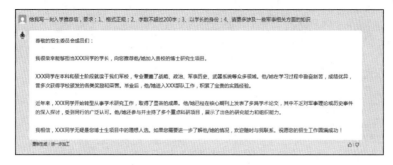

图 11-16

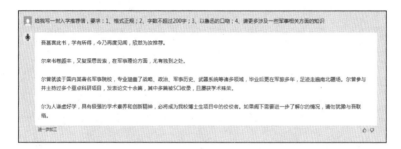

图 11-17

11.6.5　LangChain 框架赋能 Ziya 在限定域内问答示例

图 11-18 展示了优化后的 Ziya 在限定域内问答的结果，可以看出，Ziya 的训练数据并没有随着时间而更新，因此 Ziya 只能在历史数据的基础上回答事实性问题，只能将历史数据中最新的结果进行输出和呈现。

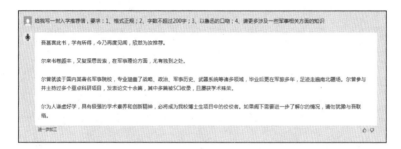

图 11-18

尽管如此，Ziya 借助 LangChain 框架的联网检索能力，在充分理解用户问题的基础上，也可以输出张雨霏最新的比赛成绩信息，从而使得输出的结果能够与时俱进，满足客户对事实性问题最新回复的需求。

11.7　思考

在 Ziya+LangChain 框架下，我们通过一系列优化举措，在部分任务上取得了明显的优化效果，由此可以看出，Ziya+LangChain 框架的组合完全可以胜任 AI 助理的角色。此外，通过上述案例，我们发现 Ziya 还有较大的优化空间，具体优化举措如下：

（1）130 亿个参数的 Ziya 作为底座模型还不够用，随着技术的发展，超过百亿个参数的多模态大模型会越来越多，寻找更优、更多参数的多模态大模型替换 130 亿个参数的 Ziya 作为底座模型是未来优化的一个方向。

（2）Ziya 和 LangChain 框架的联动还处于初级阶段，如何发挥出 LangChain 框架的优势是未来优化的另一个重要方向。

（3）微调数据集还有优化的空间，比如可以构建更多垂直领域的多轮对话数据集，进一步提升在垂直领域应用的多轮对话能力。

（4）行业的评测标准并不统一，评测数据集的构造可能存在倾向性，从而导致评测结果有失公允，所以构建标准的公允的评测标准，合理评测优化前后的性能也是未来优化的方向。

第 12 章　多模态大模型在
情绪识别领域的应用

在前面的章节中，我们依次介绍了多模态大模型的发展历史、核心技术、评测方法、部署流程及应用场景，相信读者已经对多模态大模型有了多维度的深度了解。本章将以情绪识别为应用案例，一步一步讲解应用的具体流程和方法。

12.1　应用背景和待解决的问题

情绪识别，通常指的是通过机器学习和深度学习算法判断某一种表述中携带的情感或者情绪，是自然语言处理领域研究的核心问题之一。

人的情绪包含很多种类型，如高兴、悲伤、愤怒、惊讶等。这些属于粗粒度的离散情绪，是对于整体的表述而言的。学术界和工业界研究得更多的通常是细粒度的属性级情绪，即对具体目标的态度或观点。例如，一个旅客对入住的酒店做出了以下评价：这个酒店的设施齐全，服务态度好，但隔音效果不好。这个评价有褒有贬，旅客对酒店设施的情绪是积极的，对酒店服务的情绪也是积极的，但对酒店隔音效果的情绪是消极的。那么该旅客对酒店的服务到底满意吗？

情绪识别应用在生产和生活中的方方面面，比如舆情分析、智能客服、医疗看护等，有着重要的意义。传统的情绪识别往往针对单个模态的信息，如分别针对文本、语音、图像和视频等。其中，文本情绪识别的通常做法是利用文本编码器对文本特征进行提取，然后加一个线性映射层对提取的特征进行分类。常用的文本编码器有 Word2vec、TextCNN、LSTM、BERT 等。

语音情绪识别的应用在日常生活中较为常见，特别是在智能客服和社交媒体领域。语音情绪识别通常有两种做法：第一种是通过语音转写技术将语音转换为对应的文本，然后利用文本编码器对文本特征进行提取，最后加上线性映射层对提取的特征进行分类；第二种是直接对语音进行特征提取和特征分析，比如 Wav2vec 是最常用的语音特征提取模型，由 Facebook AI 团队发布。Wav2vec 采用了无监督学习技术，能够将原始语音转换为可计算的向量特征，然后通过线性映射层对提取的语音特征进行分类。

图像情绪识别也是情感计算领域重点研究的方向。图像往往能够承载更真实的情感信息，特别是人的面部表情，直接反映了人的喜怒哀乐。图像情绪识别的做法也是类似的，通过图像编码器对图像特征进行提取，然后加一个线性映射层对提取的特征进行分类。常用的图像编码器有 CNN、Vision Transformer、CLIP 等。

视频情绪识别的做法类似于图像情绪识别，视频可以被截取为一帧帧的图像，然后按照图像情绪识别的处理方法得到多个图像的识别结果，最后通过加权求和的方式得到视频整体的情绪。

尽管针对文本、语音、图像和视频等单模态的情绪识别技术已经较为成熟，但仍存在着很多问题，我们总结了以下 4 类问题。第一，情绪通常不是通过单一模态进行表达的，而是通过语言文字、面部表情、声音的语气和音调等多模态，甚至身体的姿势和脑电波信号来共同表达的，多模态的表达方式更符合真实的自然规律。第二，数据源单一、信息不全面等原因导致了单模态情绪识别的准确率不高、泛化能力不足的问题。第三，当单模态数据由于噪声信号的干扰或者人主观上的掩饰而导致数据缺失时，例如当声音信号被其他的噪声干扰、面部的表情被障碍物遮挡时，模型的识别准确率就会直线下降。这将导致模型的鲁棒性不足、稳定性差。第四，在人类的表达中，通常也会存在正话反说、夸张修饰等情况，这个时候基于单模态模型进行推理很容易得到和事实相反的结果。图 12-1 为对恶劣天气的多模态表达示例，通过文本、语音和图像 3 种模态共同展现了对当前恶劣天气的不满。

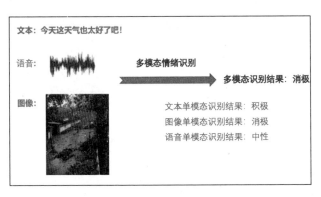

图 12-1

那么，基于以上的认识，将多模态大模型应用到情绪识别领域是必要的。单一模态所携带的情绪的真实性、有效性和完整性都无法得到充分保证，这时就要考虑使用多种模态所包含的信息进行分析和识别。除此之外，如何利用多模态信息解决细粒度的属性级情绪识别也是一个亟待解决的关键问题。一方面，要提取出表达情感的方面词，另一方面也要识别出该方面词所携带的情感。

12.2　方法论介绍

多模态情绪识别的关键在于如何将多模态数据进行融合，主流的多模态数据融合方法有数据层面融合、识别层面融合、特征层面融合和模型层面融合，下面详细分析这 4 种融合方法的原理和优缺点。

1. 数据层面融合

顾名思义，数据层面融合指的是将多模态的原始数据在不经过任何特殊处理的情况下进行融合，然后基于融合后的新数据进行情绪识别。常见的数据层面融合是通过一些线性或者非线性计算法则对多模态数据进行处理和整合。数据层面融合的基本过程如图 12-2 所示。

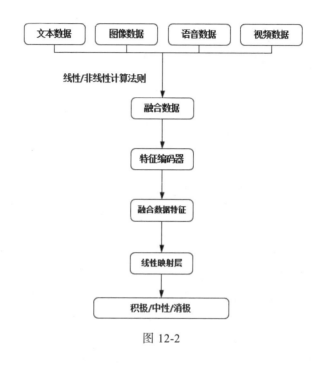

图 12-2

　　数据层面融合的优点是能够完整地保留原始数据的基本特性，由于没有对原始数据进行深层的特征抽取，因此数据基本保留了浅层的原始特征。同时，在融合过程中可以使用全部的原始数据，无须进行过多的清洗和筛选，避免了数据丢失。

　　然而，由于没有将多模态数据进行特征提取，映射到统一的语义空间，导致了数据的融合过程十分困难。例如，如何使用简单的线性和非线性计算法则将文本数据和图像数据进行融合，或者将图像数据和语音数据进行融合，这些都需要设计非常复杂的数据处理规则。同时，数据层面融合只利用了数据的最浅层特征，属于低级粗糙的融合方法，导致了其在情绪识别上的效果比较差。最后，数据层面融合无法解决细粒度的属性级情绪识别问题。

2. 识别层面融合

　　识别层面融合指的是基于各个单模态的编码器对单模态数据依次进行特征提取，然后利用各个单模态的线性映射层依次得到多个情绪识别结果，最后对多个情绪识别结果进行统计学上的整合，得到最终的情绪识别结果。常见的识别层面融合有投票取众数、定义各个权值加权求和、枚举法等。识别层面融合本质上是基于多个模态识别结果进行协同决策，其关注的重点不是数据和特征的互相关联，而是最终的结果打分。识别层面融合的基本过程如图 12-3 所示。

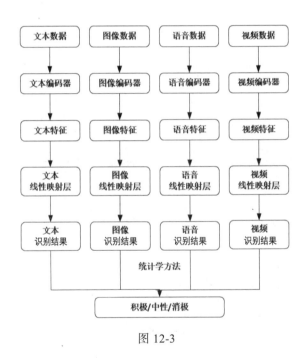

图 12-3

　　识别层面融合的优势是操作简单，易于进行，不需要过多的数据层面和特征层面的处理，并且能够充分发挥传统单模态情绪识别的优势，对识别的整体效果有一定程度的提升。

　　然而，识别层面融合在最终的决策阶段依赖人工定义的规则，如果规则定义得好，那么对整体识别效果有很大的帮助，如果定义得不好，反而会降低准确率，有一定的随机性和不稳定性。另外，识别层面融合由于没有利用数据的深层次特征，没有有效地对多模态数据进行语义空间的对齐，导致了整体识别准确率不够高。另外，识别层面融合也无法解决细粒度的属性级情绪识别问题。

3. 特征层面融合

特征层面融合指的是基于各个单模态的编码器对单模态数据依次进行特征提取，然后将各个单模态的特征进行拼接和融合，构造新的多模态特征，最后基于融合得到的多模态特征，利用线性映射层得到最终的情绪识别结果。特征层面融合的基本过程如图 12-4 所示。

图 12-4

特征层面融合的优势是利用了多模态数据的深层次特征，并且将多个单模态的特征进行了拼接和融合，使得不同模态数据携带的信息得到了相互补充和验证。当多模态数据噪声小，并且描述的都是同一内容时，往往能够获得很好的整体情绪识别效果，模型的稳定性和鲁棒性较高。

特征层面融合使用的融合技术往往是将各个单模态特征进行拼接,生成新的多模态特征。然而,当特征维数较多时,生成的多模态特征会逐渐增多,在一定程度上会造成特征的冗余并且引发维数爆炸,导致模型的性能急剧下降,这时需要使用主成分分析等方法进行降维。另外,特征层面融合只是生硬地将各个单模态特征进行拼接和融合,没有真正地对模态与模态之间的相互关联关系进行分析利用,也没有考虑各个模态特征之间的差异性问题、时间序列上的同步性问题,因此其整体的情绪识别效果还不好。最后,特征层面融合还不能很好地解决细粒度的属性级情绪识别问题。

4. 模型层面融合

模型层面融合指的是基于大批量无监督数据训练多模态大模型,例如前文提到的 VideoBERT、CLIP 等。多模态大模型本身具有丰富的先验知识、优秀的小样本推理能力和零样本推理能力,真正做到了不同模态之间的信息融合。基于多模态大模型,得到各个输入模态的整体特征,最后利用线性映射层得到最终的情绪识别结果。模型层面融合的基本过程如图 12-5 所示。

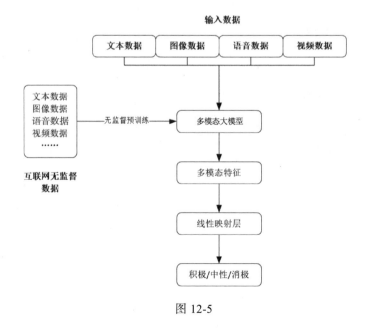

图 12-5

模型层面融合是截至目前最有效的情绪识别方法，充分利用了多模态大模型丰富的先验知识，能够有效地解决各个模态特征之间的差异性问题和时间序列上的同步性问题。同时，在多模态大模型的构建过程中，通过定义细粒度的属性级方面词的抽取任务及细粒度的属性级方面词的情绪识别任务，可以有效地解决细粒度的属性级情绪识别问题。

因为多模态大模型的参数量一般较大，所以模型层面融合需要一定的计算资源的支持。随着未来算力技术不断优化升级，模型层面融合会有越来越广阔的应用空间。

随着深度学习技术的发展和算力技术的迭代升级，基于多模态大模型的情绪识别应用得越来越广泛，取得了很好的效果，既能够真正做到在同一个语义对齐空间中对多模态数据进行特征提取，而不需要多个单模态编码器，又能够很好地解决细粒度的属性级情绪识别问题。在后面的几节中，我们会基于多模态大模型的技术路线详细介绍其算法框架、优化逻辑、部署流程、真实的效果评测。

12.3 工具和算法框架介绍

12.3.1 算法的输入和输出

本节以文本、图像两种多模态数据为例，构建细粒度的属性级情绪识别算法框架。算法模型的输入为针对同一个内容的文本模态和图像模态的表述，输出分别为细粒度的属性级方面词及方面词对应的情绪。例如，上传一张酒店的图片，并附加一段描述文本——这个酒店空间大、设施新，但是布局不太好，分别提取出 3 组属性级情绪，即"空间，积极""设施，积极""布局，消极"，如图 12-6 所示。

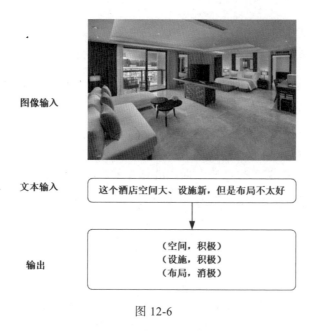

图 12-6

12.3.2　算法框架的整体构建流程

本节基于 VIP-MABSA 框架的构建思路来详细介绍细粒度的属性级情绪识别算法框架的构建流程。在算法框架的构建过程中，主要解决以下两个关键的问题。

（1）传统的多模态融合方法，无论是数据层面融合、识别层面融合还是特征层面融合，都是基于单独的图像编码器和文本编码器分别得到图像特征和文本特征之后再进行融合。这些方法没有真正做到文本模态和图像模态在共同语义空间中的对齐，特别是没有考虑多模态特征之间的差异性问题、时间序列上的同步性问题。

（2）传统的多模态融合方法没有利用多模态大模型丰富的先验知识。特别是在预训练任务中，一方面考虑文本和图像的匹配任务，另一方面考虑细粒度的属性级方面词的抽取及方面词对应的情绪识别任务，将十分有利于解决细粒度的属性级情绪识别问题。

针对上述两个关键问题，细粒度的属性级情绪识别算法框架的基本构建流程是以 BART 模型作为基本的生成式框架，同时接收文本模态和图像模态的输入，然后分别执行文本、图像、多模态三个层面的预训练任务，最后得到多模态大模型的整体损失来优化多模态大模型的参数。

其中，BART 是一种典型的 sequence-to-sequence（序列到序列）预训练模型，结合了 BERT 模型的自编码预训练任务和 GPT 的自回归预训练任务。因此，BART 模型适用于执行广泛的自然语言理解和自然语言生成任务。

12.3.3 文本预训练任务

文本预训练任务的目的是让多模态大模型获取通用的上下文理解能力、细粒度的属性级方面词及对应的情感词的抽取能力。文本预训练任务又分为两个子任务：第一个子任务是 BERT 模型的掩码语言建模（Masked Language Modeling，MLM）任务，使得多模态大模型能够具备通用的上下文理解能力；第二个子任务是文本方面词和情感词抽取任务，使得多模态大模型具备细粒度的属性级情绪识别的能力。

1. MLM 任务

MLM 任务是一种遮盖语言任务，具体做法如下：在一个句子中随机挑选15%的字符。这些被选中的字符有 80%的概率被替换为[MASK]，有 10%的概率保持不变，还有10%的概率被替换为一个随机的字符，然后让多模态大模型来预测这些被替换的字符。MLM 任务让多模态大模型充分获得了双向上下文语境的理解能力，其基本的实现过程如图 12-7 所示。

2. 文本方面词和情感词抽取任务

要想完成文本方面词和情感词抽取任务，首先要获得一定的标注数据，而这部分数据由于是针对特殊的下游任务的，在公开语料集中并不常见，因此需要自己构建。对于方面词的标注数据的构建，我们可以利用成熟的命令实体识别算法，将抽取出来的实体当作方面词。对于情感词的标注数据的构建，我们可以利用公开的情感词典进行匹配。

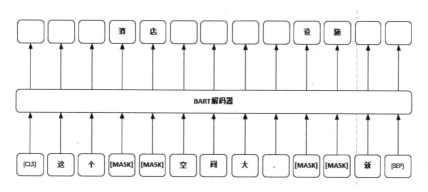

图 12-7

在获取了方面词和情感词的标注数据后，就可以构建相应的预训练任务了。将完整的句子及起始符[CLS]、终止符[EOS]拼接作为输入，将方面词和情感词在句子中的索引及间隔符[SEP]、终止符拼接作为输出，其基本的实现过程如图 12-8 所示。

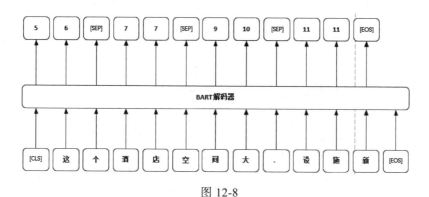

图 12-8

以图 12-8 为例，位置索引 5 和 6 分别代表方面词"空间"的起始位置索引和终止位置索引，位置索引 9 和 10 分别代表方面词"设施"的起始位置索引和终止位置索引。

12.3.4 图像预训练任务

图像预训练任务相应地也包含两个子任务。第一个子任务是掩码区域建模（Masked Region Modeling，MRM）任务。针对图像的 MRM 任务与针对文本的 MLM 任务的目的是类似的。第二个子任务是图像方面词和情感词抽取任务，即给定一个原始图像，从图像中抽取出方面词-情感词的组合对。

1. MRM 任务

MRM 任务是一种针对图像的遮盖任务，旨在帮助多模态大模型学习到图像片段的连续语义分布。具体做法如下：将一个完整的图像划分为若干个图像片段，从中随机选取 15%的图像片段进行处理。被挑选出来的 15%的片段有80%的概率会被替换为[MASK]，有 10%的概率会保持不变，还有 10%的概率会被随机替换为另一个图像片段，然后让多模态大模型来预测这些被替换的图像。其基本的实现过程如图 12-9 所示。

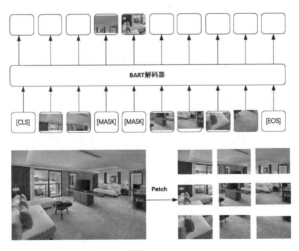

图 12-9

需要注意的是，通过多模态大模型预测被遮盖的图像并不是还原图像本身，而是预测被遮盖图像的语义类别分布。对于输入的原始图像片段，使用MLP 分类器得到原始图像语义类别分布，即正确的语义类别分布。对于预测生成的图像片段，利用 Faster R-CNN 分类器得到预测的图像语义类别分布，让这两种图像的语义类别分布尽可能地靠近来优化多模态大模型的参数。

2. 图像方面词和情感词抽取任务

要想完成图像方面词和情感词抽取任务，也需要先获取一定数量的标注数据。开源工具 DeepSentiBank 是一个针对图像的概念分类器，该分类器是在超过百万条图像标注数据上训练得到的，能够直接将原始图像转化为形容词-名词的组合对。我们基于开源工具 DeepSentiBank 构造从原始图像到方面词-情感词组合对的标注数据，有了标注语料之后，就可以执行针对图像的方面词和情感词抽取的预训练任务了，其基本的实现过程如图 12-10 所示。

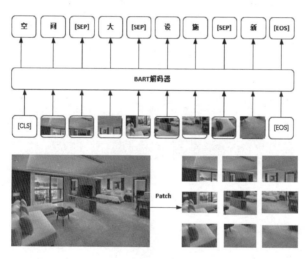

图 12-10

12.3.5　多模态预训练任务

上述的单模态预训练任务一方面分别对文本和图像进行遮盖，然后让多模态大模型预测被遮盖的部分，另一方面让多模态大模型分别针对文本和图像的输入来预测方面词-情感词组合对。单模态预训练任务的监督数据仅仅来自某一种模态，没有进行多模态语义的对齐。

多模态预训练任务和单模态预训练任务不同，其监督数据来自多模态数据。多模态预训练任务仅包含一个子任务，即多模态情感分类任务，该任务接收文本-图像对作为输入，返回多模态的情绪识别结果，能够很好地帮助多模态大模型对多模态数据进行语义空间的对齐，并让多模态大模型学习到这种深层次的对齐关系。多模态预训练任务的标注数据来自公开数据集 MVSA-Multi，该数据集包含了近 2 万个文本-图像对及对应的情感标签。其基本的实现过程如图 12-11 所示。

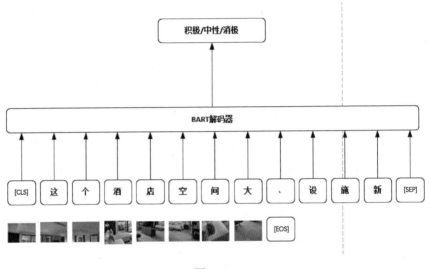

图 12-11

在多模态预训练任务中，多模态大模型由一个 BART 解码器和线性分类层组成，将多模态的情感识别分类作为训练目标。

12.3.6 算法的求解

在 12.3.3 节 ~ 12.3.5 节中，我们分别从文本预训练任务、图像预训练任务和多模态预训练任务的 5 个维度定义了 5 个预训练子任务，将这 5 个子任务进行组合就得到了整体的多模态大模型的架构，如图 12-12 所示。

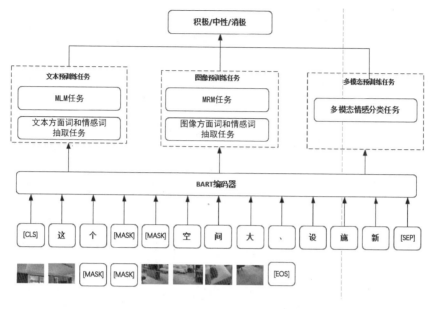

图 12-12

这 5 个预训练子任务都会产生各自的模型损失，将 5 种损失进行加权求和可以得到最终的模型损失，其中各子任务的损失权重定义为超参数，可以根据实际效果灵活调整。最后，采用自动梯度更新策略来调整和优化整个多模态大模型的参数，直至多模态大模型收敛，就完了算法的求解过程。

在得到最终的多模态大模型的权重之后，就可以基于这个多模态大模型的权重完成具体的下游任务。

12.3.7　算法的应用

基于多模态大模型丰富的先验知识和强大的能力，我们可以通过小样本甚至零样本的方式进行下游任务的应用。为了更充分地利用预训练阶段多模态大模型学习到的知识，在推理预测阶段所使用的模型框架和预训练阶段所使用的模型框架保持一致。同时，在推理预测阶段，多模态大模型的输入形式也和预训练阶段保持一致。

对于多模态情绪识别的场景，共有 3 种应用方式。

（1）基于输入的文本-图像对，抽取出其中的方面词。

（2）基于输入的文本-图像对，给定方面词，识别出各个方面词对应的情绪。

（3）基于输入的文本-图像对，同时抽取和识别出其中的方面词及方面词对应的情绪。

至此，就完成了整个多模态大模型的算法框架构建、预训练任务定义、算法求解和算法应用。基于多模态大模型的情绪识别技术，一方面真正地做到了将不同模态的数据在共同的语义空间中进行对齐，提高了识别的准确率，另一方面也解决了细粒度的属性级情绪识别问题，拓展了下游任务的应用方式。

12.4 优化逻辑介绍

基于多模态大模型的细粒度的属性级情绪识别在各项性能指标上都优于传统的单模态情绪识别，并且解决了传统模型无法解决的细粒度的属性级情绪识别问题。本节将一一介绍该技术的优化逻辑。

1. 模型层面融合

传统的情绪识别只能利用单一的数据进行情绪识别，要想利用多模态数据，势必要进行多模态的融合。数据层面融合只能提取多模态数据的浅层特征，并且模态差异较大，导致数据层面融合的操作难度很大。识别层面融合基于多个单模态模型进行协同推理预测，实施起来较为便捷，但识别规则过于依赖专家系统，也没有对多模态数据进行深层语义特征提取。特征层面融合将多个单模态数据的特征进行拼接，然后进行统一的推理预测，虽然模型的整体性能有一定的提升，但生硬的特征拼接没有将多模态数据在共同的语义空间中进行对齐，忽略了多模态特征之间的差异性问题和时间序列上的同步性问题，模型的整体性能还有很大的提升空间。只有模型层面融合才能真正地将多模态数据在共同的语义空间中进行对齐，让模型学习到多模态数据之间的关联关系，最后进行统一的推理预测，模型的整体识别准确率才能有质的提升。

2. 细粒度的属性级情绪识别的实现

单纯的多模态大模型具有丰富的先验知识和优秀的零样本推理能力，在面对具体的下游任务时，如果能够将下游任务抽象为某一种数据生成方式，并且将这个任务加入多模态大模型的预训练任务中，将能够极大地提升多模态大模型在具体领域的先验知识挖掘和获取能力。然后，在预测推理过程中，多模态大模型的输入和推理的框架与预训练时保持同一种形式，就能够充分地激发多模态大模型的先验知识能力，在下游任务中获得很好的应用效果。参照这一理念，我们将文本方面词和情感词抽取任务与图像方面词和情感词抽取任务加入预训练任务之中，在下游任务应用时，可以单独抽取出方面词、基于方面词抽取出情感词，同时抽取出方面词和情感词的组合对。这样就巧妙地解决了细粒度的属性级情绪识别问题。

3. 预训练任务的构建

除了分别构建文本方面词和情感词抽取任务与图像方面词和情感词抽取任务，以实现细粒度的属性级情绪识别能力，多模态大模型还应该具有通用的上下文理解能力和连续图像片段的语义理解能力，因此我们又构建了 MLM 任务和 MRM 任务。最重要的是，为了让多模态数据能够真正在共同的语义空间中进行关联和对齐，我们构建了多模态预训练任务。5 个预训练子任务分别从不同的维度反映了对多模态大模型能力的需求，各个子任务的损失函数和梯度更新策略也将多模态大模型的权重参数往最优的方向牵引。

12.5　部署流程

想深入了解基于多模态大模型的细粒度的属性级情绪识别的预训练过程的读者，可以在 GitHub 网站上阅读 VLP-MABSA 技术的详细原理。本节将简要介绍多模态大模型的部署和使用。

在第 9 章中，我们已经详细介绍了如何从 0 到 1 部署多模态大模型，包含使用 Flask、Gradio、FastAPI、Django 等框架进行部署，读者可以根据各自的软硬件条件和业务需求进行相应的尝试，本节不再重复介绍部署方法。在学习了上述知识后，我们只需要编写出情绪识别领域多模态大模型的推理函数，就可以进行快速的部署和应用。推理函数的核心代码分为以下几个代码块。

第一个代码块主要的作用是引入相关的 Python 依赖包，方便后续加载多模态大模型的权重及对图像的转换，同时还定义了工程代码的相对路径和绝对路径。

```
import os,sys,json
import torch
import requests
from PIL import Image
from transformers import AutoTokenizer ,AutoModel
from transformers import ViltProcessor
sys.path.append(os.path.dirname(os.path.abspath(__file__)))
BASE_DIR=os.path.dirname(os.path.realpath(__file__))
```

第二个代码块主要的作用是加载多模态大模型的词表、模型权重及数据处理方法，其中 MutilModalBartModel 为预训练好的多模态大模型。

```
model_path=os.path.join(BASE_DIR,'checkpoint',\
        'MutilModalBartModel')
tokenizer=AutoTokenizer.from_pretrained(model_path,\
        trust_remote_code=True)
processor=ViltProcessor.from_pretrained model_path,\
        trust_remote_code=True)
model=AutoModel.from_pretrained(model_path,\
```

```
trust_remote_code=True).half().cuda()
```

第三个代码块主要的作用是接收输入的数据，输入的数据包含图像数据和文本数据，其中图像数据用 Image.open 方法转换为图像流，以便多模态大模型计算。

```
url=os.path.join(BASE_DIR,'image','xxx.png')
image=Image.open(requests.get(url, stream=True).raw)
text= '这个酒店空间大、设施新，但是布局不太好'
```

第四个代码块主要的作用是对输入的文本数据和图像数据进行预处理之后，将其送入多模态大模型进行推理预测。多模态大模型返回的结果为方面词的索引及对应的情绪的 ID，最终通过配置字典映射为具体的方面词及对应的情绪，即积极/中性/消极。当单个输入中存在多组方面词-情感词组合对时，将以数组的形式返回。

```
input=processor(image,text,return_tensors='pt')
outputs=model(**input)
logits=outputs.logits
idx,start,end=logits.argmax(-1).item()[0]
aspect= text[start:end]
sentiment=model.config.id2sentiment[idx]
```

12.6　效果评测

前面已经介绍过，多模态预训练任务的标注数据来自公开数据集 MVSA-Multi，该数据集取自社交媒体推特，包含近 2 万条文本-图像对数据，其标签有 3 种，分别是积极、中性和消极，均由人工标注而来。下面介绍多模态大模型效果评测过程中使用的评测数据集、评测指标及评测结果。

12.6.1　评测数据集

Twitter-2015 数据集和 Twitter-2017 数据集分别是 2015 年和 2017 年构建的

基于图像-文本多模态推文的公开数据集，其中的每一条数据都包含了原始的推文、推文匹配的图片、推文包含的方面词及每个方面词对应的情绪标签。这两个数据集的构成充分满足细粒度的属性级情绪识别的评测需求。

Twitter-2015 数据集和 Twitter-2017 数据集的数据主要分为训练集、验证集和测试集。从情绪识别角度来看，Twitter-2015 数据集和 Twitter-2017 数据集主要用于处理三分类任务，即识别积极、中性和消极。表 12-1 和表 12-2 分别为上述两个数据集在不同数据划分上的样本数量。

表 12-1

情绪识别	训练集的样本数量	验证集的样本数量	测试集的样本数量
积极	928 条	303 条	317 条
中性	1883 条	670 条	607 条
消极	368 条	149 条	113 条

表 12-2

情绪识别	训练集的样本数量	验证集的样本数量	测试集的样本数量
积极	1508 条	515 条	493 条
中性	1638 条	517 条	573 条
消极	416 条	144 条	168 条

Twitter-2015 数据集和 Twitter-2017 数据集的数据样例分别如表 12-3 和表 12-4 所示。

表 12-3

推文	图片	方面词	情绪
Hanging out with Corey # Blackhawks # WinterClassic		Corey # Blackhawks	消极 消极

续表

推文	图片	方面词	情绪
Honored to be here in LA @ jworldwatch IWitness Award given to Intel 4 commitment to only use conflict free minerals		LA Intel 4	积极 积极
This is where Abe Lincoln was not only born, but raised . Amy Schumer at Lincoln Center		Abe Lincoln Amy Schumer Lincoln Center	中性 中性 中性 中性
First day of school in Chicago and at Cameron Elementary. This kindergartener wasn't impressed by the mayoral visit		Chicago Cameron Elementary	中性 消极

表 12-4

推文	图片	方面词	情绪
Virtual reality "Mario Kart" is coming to Japanese arcades		Mario Kart Japanese	中性 中性
David Gilmour and Roger Waters playing table football .		David Gilmour Roger Waters	积极 积极
Lily's having a great day at the # SpringFarm Festival		Lily	积极

12.6.2　评测指标

我们使用准确率、精确率、召回率和 F1 值作为情绪识别领域多模态大模型效果的评测指标。

准确率指的是所有预测正确的数据条数与整个数据集总数据条数的比例。在样本较为均衡的情况下，准确率能够较好地反映整体的正确率，但在样本不均衡的情况下，准确率的意义就不大了。

精确率指的是将正确的数据预测为正确的条数与全部的预测为正确的数据条数的比例。精确率更关注的是对正确数据的预测准确程度，精确率的目的是宁愿让多模态大模型预测漏，也不能让多模态大模型预测错，尽可能地让预测不出错。

召回率指的是将正确的数据预测为正确的条数与全部实际正确数据的条数的比例。召回率更关注的是尽可能地找出所有实际为正确的数据，即宁愿让多模态大模型预测错，也不能让多模态大模型预测漏。

F1 值是召回率和精确率的调和平均数。在实际应用过程中，我们希望召回率和精确率都越高越好，但实际上这两个参数是负相关的，因此我们需要尽可能地平衡二者的影响，给多模态大模型一个综合全面的评测。综合来说，F1值越高，代表多模态大模型的整体性能越好。

12.6.3　评测结果

在 12.3.7 节中，我们已经详细介绍了多模态细粒度的属性级情绪识别的 3 个典型应用。下面基于 Twitter-2015 数据集和 Twitter-2017 数据集，针对上述 3 个下游应用，分别给出多模态大模型的评测结果及与传统模型的比较，我们的多模态大模型在本章统一使用"OURS"来表示。

针对方面词抽取应用的评测结果如表 12-5 所示。

表 12-5

模型	Twitter-2015 数据集			Twitter-2017 数据集		
	精确率/%	召回率/%	F1 值	精确率/%	召回率/%	F1 值
LSTM	51.4	53.7	52.5	58.6	59.7	59.2
BERT	57.5	59.4	58.5	59.6	61.7	60.6
BART	62.9	65.0	63.9	65.2	65.6	65.4
ViLBERT	60.3	62.2	61.2	62.3	63.0	62.7
TomBERT	61.7	63.4	62.5	63.4	64.0	63.7
OURS	**65.1**	**68.3**	**66.6**	**66.9**	**69.2**	**68.0**

从表 12-5 中可以看出，多模态大模型对方面词抽取得到的效果比传统单模态模型（即只利用单模态数据训练得到的模型）得到的效果都好。同时，由于在预训练任务中加入了方面词抽取任务，其效果也好于其他普通的多模态大模型。

针对情绪识别应用的评测结果如表 12-6 所示。

表 12-6

模型	Twitter-2015 数据集		Twitter-2017 数据集	
	精确率/%	F1 值	精确率/%	F1 值
LSTM	70.3	63.4	61.7	58.0
BERT	74.3	70.0	68.9	66.1
BART	74.9	70.1	69.2	66.2
ViLBERT	73.7	69.6	67.7	64.9
TomBERT	77.2	71.8	70.5	68.0
OURS	**78.6**	**73.8**	**73.8**	**71.8**

从表 12-6 中可以看出，对于给定方面词的情绪识别应用，基于多模态大模型的方面词抽取效果依然是最佳的。

针对方面词-情感词组合对的抽取和识别应用的评测结果如表 12-7 所示。

表 12-7

模型	Twitter-2015 数据集			Twitter-2017 数据集		
	精确率/%	召回率/%	F1 值	精确率/%	召回率/%	F1 值
RAN	80.5	81.5	81.0	90.7	90.0	90.3
UMT	77.8	81.7	79.7	86.7	86.8	86.7
OSCGA	81.7	82.1	81.9	90.2	90.7	90.4
JLM-META	83.6	81.2	82.4	**92.0**	90.7	91.4
OURS	**83.6**	**87.9**	**85.7**	90.8	**92.6**	**91.7**

从表 12-7 中可以看出，对于方面词-情感词组合对的抽取和识别任务，基于多模态大模型的效果普遍是比较好的，一方面是因为模型的抽取综合利用了文本和图像多模态的数据，另一方面是因为模型在推理预测时所使用的框架的数据输入格式与预训练时保持一致。

12.7　思考

基于多模态大模型的细粒度的属性级情绪识别取得了一定的研究进展，但同时也存在着若干尚未解决的问题，学术界和工业界未来会逐渐解决这些问题。总体来说，存在着以下优化方向。

1. 研究文本-图像-语音-视频四模态的情绪识别技术

目前，基于多模态大模型的情绪识别技术大多只使用文本-图像、文本-语音等双模态数据，还无法实现四模态数据的输入和输出。文本-图像-语音-视频四个模态的语义空间对齐和联合表征技术还有待进一步研究。

2. 解决数据缺失问题

在多模态推理预测过程中，通常也会存在某个模态的数据缺失问题，例如视频数据被遮挡、语音数据由于噪声过大无法使用等，如何在模态缺失的情况下保持多模态大模型的鲁棒性是一个值得研究的课题。

3. 解决模态不平衡问题

多模态大模型的训练需要大批量的模态对齐数据，但往往存在着模态不平衡问题。文本和图像数据比较好采集，但语音和视频数据往往较难采集，模态不平衡问题给多模态大模型的预训练带来了挑战。

4. 解决多模态去噪问题

多模态的原始数据往往存在着一定的噪声，例如文本数据中带着各种表情符号、网页的杂乱信息，语音数据中带着不相干的杂音等，都会影响多模态大模型的构建，因此如何更好地对多模态数据进行筛选和预处理将直接影响多模态大模型的质量。

5. 解决算力资源优化问题

多模态大模型的参数通常在数亿到数百亿个之间，有的甚至达到数千亿个，这使得很大一部分企业和个人研究者没有条件进行深入的研究。因此，如何采用高效的量化压缩技术或者知识蒸馏技术将多模态大模型压缩到普通消费级显卡能够使用的程度将是一个重要的优化方向。

6. 解决情绪量化压缩问题

目前的情绪识别基本上将情绪分为积极、中性、消极 3 类，属于粒度较粗的划分。未来如何将情绪的强弱以具体数值的形式进行量化压缩，进行情绪的精准分析，是一个重要的研究方向。

7. 解决中文问题

目前，在中文语言上，无论是成熟的多模态大模型、多模态对齐训练数据还是多模态评测数据都是稀缺的，这严重阻碍了中文多模态情绪识别的发展。

第13章 大模型在软件研发领域的实战案例与前沿探索

在当今的软件研发领域中，代码编写是一个耗时且容易出错的过程。LLM的出现为软件研发带来了巨大的变革。通过利用 LLM 的自然语言处理和机器学习技术，软件研发人员可以更快地编写代码，并且可以在代码编写过程中获得更好的建议和支持。这些工具可以自动为软件研发人员生成代码片段、单元测试用例等，从而提高软件研发效率和代码质量。

从全局来看，LLM 在软件研发领域中的应用对于提高软件研发效率具有重要意义。以下是 LLM 对软件研发效率提高具体的体现。

（1）缩短开发周期。基于 LLM 的代码生成工具可以帮助软件研发人员快速生成代码片段，减少手动编写代码的时间，从而缩短整个软件研发周期。

（2）提高代码质量。LLM 可以帮助软件研发人员在编写过程中发现潜在的错误和问题，从而提高代码质量。此外，通过自动生成单元测试用例，LLM可以提高测试覆盖率，进一步确保代码质量合格。

（3）降低学习成本。LLM 可以帮助软件研发人员更快地掌握新技术和框架，减少学习成本。通过理解和解读代码，LLM 可以帮助软件研发人员更好地理解现有代码库，从而加快开发速度。

（4）提高团队协作效率。基于 LLM 的拉取请求（Pull Requests，RP）提效功能可以帮助软件研发人员更快地审查和合并代码，提高团队协作效率。

下面具体看一看其中的关键技术与应用。

13.1　LLM在软件研发过程中的单点提效

13.1.1　基于 GitHub Copilot 的代码片段智能生成

在代码片段智能生成领域中，GitHub Copilot 是佼佼者。GitHub Copilot 是 GitHub 与 OpenAI 合作开发的一个面向软件研发人员的生产力提升工具，可以在 Visual Studio Code、Microsoft Visual Studio、Vim 或 JetBrains 等集成开发环境（Integrated Development Environment，IDE）中使用，主要面向 Python、JavaScript、TypeScript、Ruby 和 Go 等编程语言，根据软件研发人员的输入和上下文代码，自动为软件研发人员生成代码，从而提高编程效率和代码质量。GitHub Copilot 可以通过学习大量的代码库和文档中的代码，理解软件研发人员的编程意图，自动生成高质量的代码。

GitHub Copilot 的工作过程是，当软件研发人员输入代码时，GitHub Copilot 会基于代码大语言模型 Codex，结合上下文代码和语法提示，自动为软件研发人员生成代码，并给出可能的代码选择。软件研发人员可以选择最符合自己需求的代码，并将其插入自己的代码中。GitHub Copilot 能够协助软件研发人员自动创建函数、类、变量等代码结构，自动填充代码块、方法或函数，消除重复代码，同时还可以根据由自然语言编写的代码注释生成可执行代码，也可以对代码的语义做出理解和解读。

GitHub Copilot 的底层 AI 模型得益于 Codex，这是一个基于 GPT-3 的改进版本，主要用于编程提效和代码生成。这个模型的训练使用了大量的英语文本、公共 GitHub 仓库及其他公开可用的源代码，其中包含了 5400 万个公共 GitHub 仓库中的 159GB 代码数据集。

Codex 的目标是理解和生成代码，从而帮助软件研发人员更高效地编写程序、解决问题和执行各种编程任务。为了提高准确性和效率，Codex 还使用了一些其他技术，例如基于语义的代码搜索和代码补全。这些技术可以帮助 Codex

更好地理解软件研发人员的编程意图，并生成更准确和高质量的代码。

Codex 具有以下特点：

（1）支持多语言。Codex 支持多种编程语言，如 Python、JavaScript、TypeScript、Java、C++、Ruby 等，可以帮助软件研发人员在不同的编程环境中实现代码生成。

（2）理解自然语言。Codex 能够理解自然语言，这使得软件研发人员可以用自然语言与模型进行交流，描述问题或需求，模型会生成相应的代码片段或解决方案。

（3）具有代码生成能力。Codex 可以根据用户的需求生成代码片段，包括函数、类、算法等。这可以帮助软件研发人员节省时间，提高编程效率。

（4）汇聚了编程的知识体系。Codex 具有广泛的编程知识，可以回答关于编程语言、库、框架和工具的问题，帮助软件研发人员更好地理解和使用这些技术。

（5）具有多场景的适配性。Codex 可以被应用于多种场景，如代码审查、代码重构、自动化测试、快速原型开发等。此外，Codex 对于初学者来说也是一个很好的学习工具，可以提供编程示例和解决方案。

然而，Codex 存在一些局限性：

（1）从代码质量层面来看，虽然 Codex 可以生成代码，但是生成的代码可能并不总是最优的。软件研发人员可能需要检查并优化生成的代码以确保其质量合格。

（2）从安全性的视角来看，Codex 可能生成不安全或不符合最佳安全实践的代码，因此软件研发人员在使用生成的代码时需要谨慎，需要对生成的代码的安全性做人工评估。

（3）在依赖外部资源这个维度，Codex 可能无法执行需要访问外部资源（如 API 密钥、数据库等）的任务，通常也需要软件研发人员介入。

GitHub Copilot 的优势在于它可以根据软件研发人员的输入和上下文代

码，自动生成高质量的代码，大大地提高编程效率和代码质量。此外，GitHub Copilot 还可以自动识别软件研发人员的编程语言和框架，并提供相应的代码提示和建议，使得软件研发人员可以更快地学习和掌握新的编程技术。所以，GitHub Copilot 是一种非常强大的 AI 编程助手，可以帮助软件研发人员更快、更准确地编写代码，并提高代码质量。它的应用前景非常广阔，未来有望成为编程领域中的重要工具之一。

下面来看一看使用 GitHub Copilot 的几个具体案例。

第一个案例是使用 GitHub Copilot 根据函数原型定义和函数注释直接生成函数实现代码。在图 13-1 中，代码的第 3 行至第 11 行是由软件研发人员人工输入的，可以看到人工输入了函数原型定义及对这个函数需要实现的具体功能的注释。函数原型定义是基于 Python 语言的，而具体注释是基于英语自然语言的。根据这些由人提供的信息，GitHub Copilot 能自动生成完整的函数实现代码（图中的第 12 行至第 20 行），生成过程完全不需要人工干预，人只需要对生成的代码的准确性与功能进行检查和确认，这就大大地提高了编程效率。

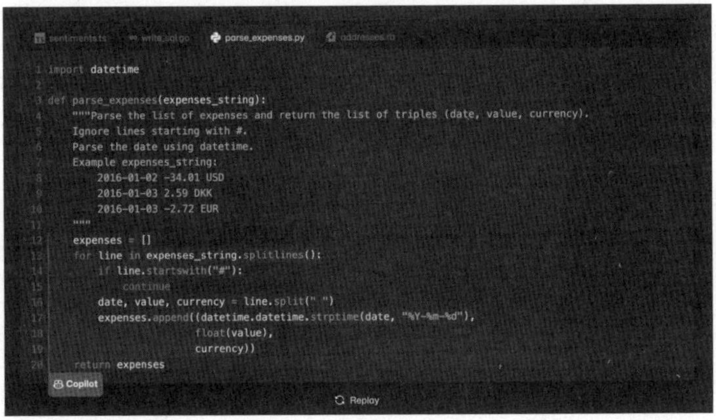

图 13-1

第二个案例和第一个案例类似，也是根据函数原型定义和函数注释生成函数实现代码。图 13-2 中代码的第 5 行至第 7 行是由软件研发人员人工输入的，而代码的第 8 行至第 17 行是由 GitHub Copilot 自动生成的。这个例子使用了 TypeScript 语言，而且生成的代码直接使用了 SaaS 服务。GitHub Copilot 可以准确地理解函数注释的语义，据此找到合适的 SaaS 服务，并且生成对 SaaS 服务准确调用的代码，以此完成函数 isPositive 的实现。

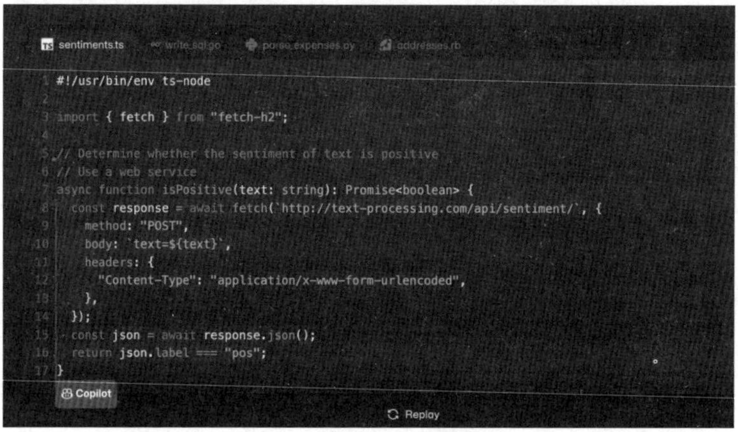

图 13-2

第三个案例会让你的印象更深刻。在这个例子中（如图 13-3 所示），只有代码的第一行是由软件研发人员人工输入的，可以看到软件研发人员只提供了一个类名 CreateShippingAddresses，然后 GitHub Copilot 就直接生成了这个类的各种成员变量。因为 GitHub Copilot 能够从语义上理解 ShippingAddress（收货地址）的业务含义，所以可以自动推断出这个类所需要的各种业务字段，包括名字、地址、邮编和电话等，这就大大地提高了软件研发人员的工作效率。

图 13-3

13.1.2　基于 GitHub Copilot X 实现增强的代码片段智能生成

对于增强的代码片段智能生成，目前业界处于领先水平的是 GitHub Copilot X。GitHub Copilot X 是 GitHub Copilot 的增强版。与 GitHub Copilot 最大的区别在于 GitHub Copilot 是基于 GPT-3 的，而 GitHub Copilot X 是基于 GPT-4 的。所以，与 GitHub Copilot 相比，GitHub Copilot X 可以处理更复杂的编程任务，支持更多的编程语言和框架，并提供更精准的代码提示和建议，而且 GitHub Copilot X 的用户交互模式也做了较大的优化和改进，GitHub Copilot X 使用更自然的对话模式，将对话功能集成到了 IDE 中，具有更友好的用户体验。下面通过两个案例让你体会一下 GitHub Copilot X 的使用。

第一案例是使用 GitHub Copilot X 发现选中的代码的缺陷，并在此基础上自动生成修复后的代码，整个过程都是通过聊天的方式在 IDE 中完成的。在图 13-4 中，我们首先在右边的 IDE 中选择一个代码函数的片段，然后在左下角的对话框中用自然语言英语输入了需要 GitHub Copilot X 做的事情，就是对选择的代码指出缺陷，同时给出修复后的代码。

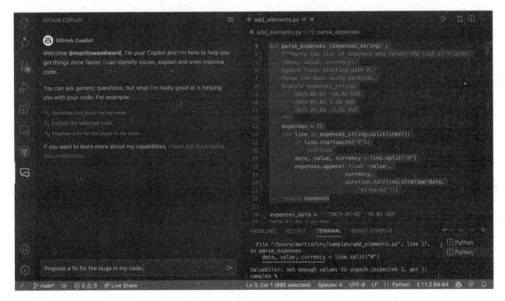

图 13-4

如图 13-5 所示，GitHub Copilot X 指出了代码的缺陷，同时生成了修复后的代码，我们可以直接使用生成的代码去替换有问题的代码。

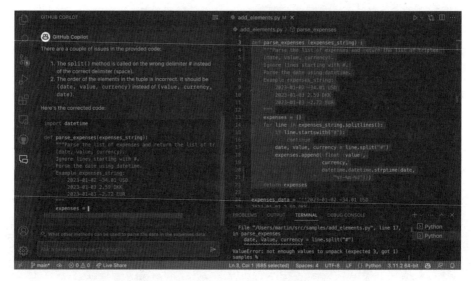

图 13-5

如图 13-6 所示，我们用生成的代码替换了 IDE 中的错误代码，整个过程非常顺畅。

图 13-6

13.1.3　基于 GitHub Copilot X 实现对选中的代码的理解与解读

GitHub Copilot X 还可以实现对代码的理解和解读。如图 13-7 所示，我们先在 IDE 中选择了代码的第三行，第三行代码是一个比较复杂的正则表达式。然后，我们通过聊天的方式要求 GitHub Copilot X 对选中的代码做出解释，图 13-8 为对这个正则表达式的作用给出的详细说明。

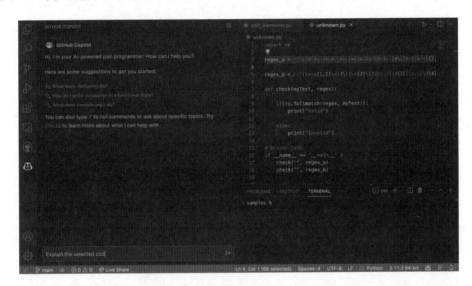

图 13-7

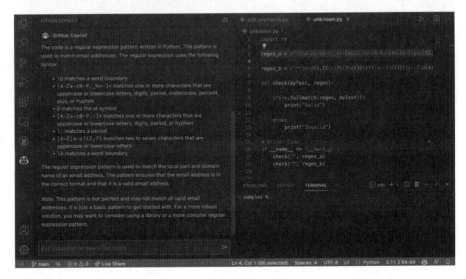

图 13-8

13.1.4　基于 GitHub Copilot X 的 Pull Requests 提效

规范化、高质量的 Pull Request（PR）能够帮助代码审查者更好地理解代码的变更目的和实现方式，有助于代码审查者更高效地提出有价值的问题，但是每次编写 PR 都需要花费软件研发人员较多的时间和精力。

为了满足软件研发人员的提效需求，GitHub Copilot X 构建了一项功能，允许软件研发人员在他们的 PR 描述中插入标记。在保存描述后，GitHub Copilot X 会根据标记动态提取与分析代码的变更信息，自动生成变更说明。然后，软件研发人员可以查看或修改 GitHub Copilot X 生成的变更说明。

目前，GitHub Copilot X 支持的标记主要有以下几种：

（1）copilot: summary：生成摘要总结。

（2）copilot: walkthrough：生成详细的更改列表，包括指向相关代码片段的链接。

（3）copilot: poem：生成一首诗来描述本次改动。

（4）copilot: all：自动生成 PR 的所有内容。

图 13-9 展示了 GitHub Copilot X 的 PR 标记功能。

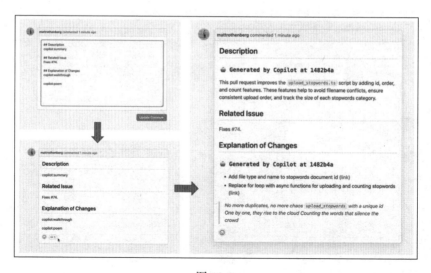

图 13-9

另外，GitHub Copilot X 中还有一个被称为 Gentest 的功能。当 GitHub Copilot X 发现提交的 PR 缺少足够的测试时，会自动提醒软件研发人员有测试缺失，而且能够在此基础上生成缺失的测试用例。这些测试用例由软件研发人员人工确认后即可合并。图 13-10 展示了 Gentest 的使用过程。

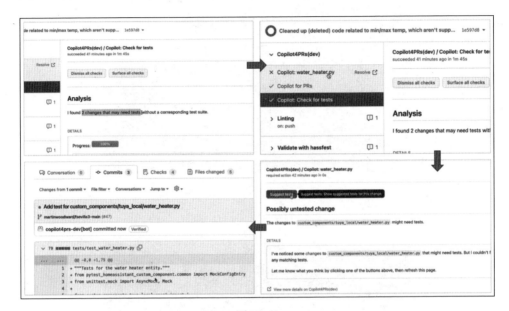

图 13-10

13.1.5　基于 LLM 实现的"代码刷"

代码刷有点像我们在做文本编辑时用的格式刷，我们可以通过代码刷把代码"格式化"成我们需要的样子。在 Copilot Next 项目中增加了代码刷，可以自动修改并更新代码。我们要做的是选择几行代码，然后选择需要应用的代码刷，代码就会自动更新。下面通过 4 个具体的使用案例来介绍一下代码刷的使用。

第一个案例如图 13-11 所示，上半部分代码的可读性比较差，比较难理解，在使用可读性代码刷之后，上半部分代码就被重写成下面的样子，下面的代码在保持相同逻辑的基础上，可读性和可理解性大幅度提升。

第二个案例如图 13-12 所示，使用缺陷修复代码刷可以直接识别并修复代码中的缺陷。上半部分代码中有一个拼写错误，把变量名 lo 写成了 low，使用缺陷修复代码刷，就能自动修复。

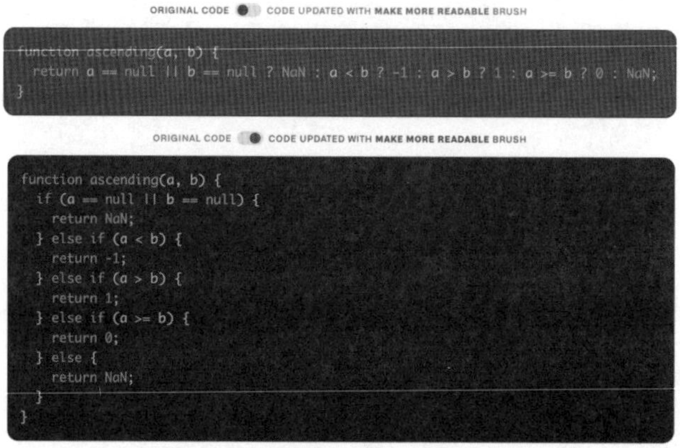

图 13-11

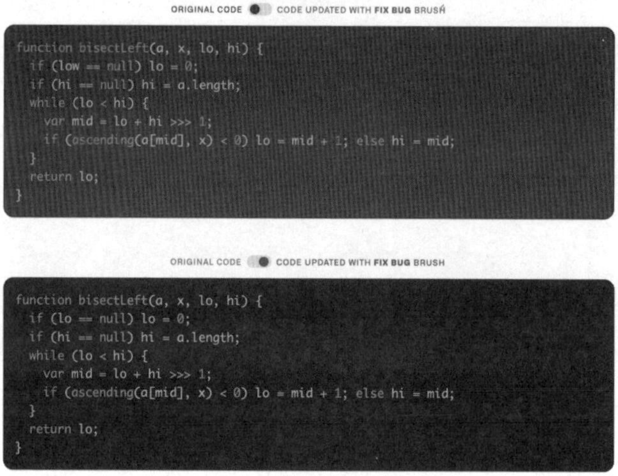

图 13-12

第三个案例是 Debug 代码刷。有些时候软件研发人员需要对代码进行调试，尤其在多进程和多线程的场景中，需要在代码中加入一些额外的日志（log）用于调试，但是这个工作如果由软件研发人员人工去做效率比较低，而且没有技术难度，只是增加了工作量，此时 Debug 代码刷就能发挥作用了。图 13-13 展示了使用 Debug 代码刷前后代码的对比。

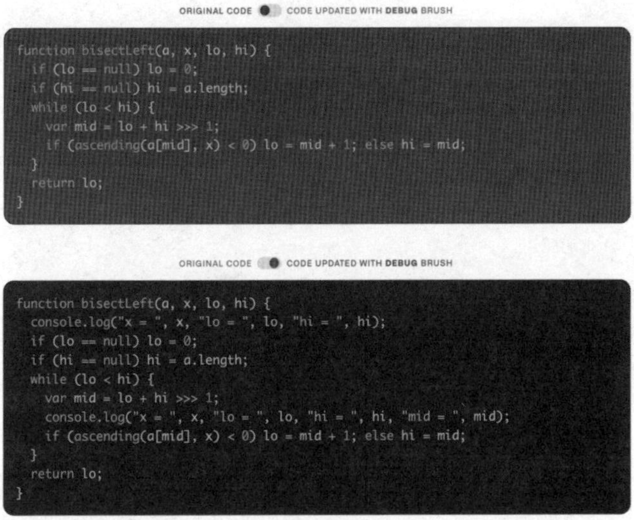

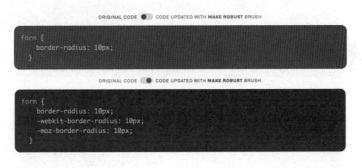

图 13-13

第四个案例是鲁棒性代码刷，如图 13-14 所示，鲁棒性代码刷可以增强前端代码的鲁棒性，避免出现兼容性问题。

图 13-14

13.1.6　使用 Copilot Voice 实现语音驱动的代码开发

软件研发人员不使用键盘，直接动一动嘴，是不是就可以把代码写了呢？Copilot Voice 提供了这样的功能，不仅可以用语音写代码，还可以用语音来控制 IDE 中的各项操作，包括代码跳转、编译打包等。图 13-15 所示为 Copilot Voice 的使用示例。

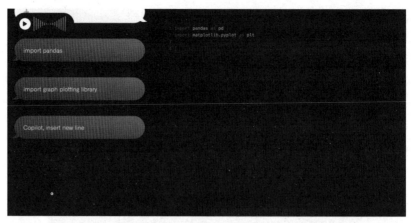

（a）

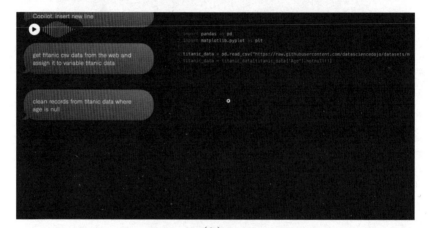

（b）

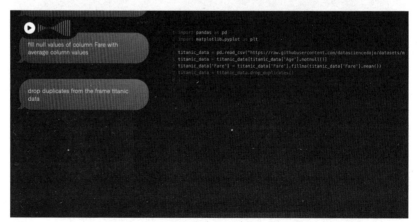

（c）

图 13-15

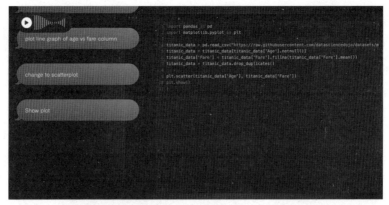

（d）

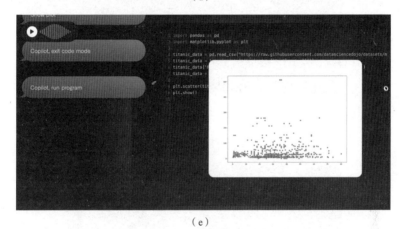

（e）

图 13-15（续）

13.1.7　使用 Copilot CLI 实现命令行的自动生成

目前，软件研发人员使用的开发终端的功能一般十分强大，可以通过命令行完成各种操作，但是要成为一个使用命令行的高手可能需要多年的经验积累。即使你已经熟练掌握了大部分命令行的使用方法，在很多时候也需要浏览帮助页面获得更多的信息，有时候为了方便起见干脆直接借助网络进行信息搜索，希望找到相关的答案，比如为什么会出现堆栈内存溢出（Stack Overflow）的错误，以便指导下一步操作。你是否经常遇到记不住某些命令和命令行参数的困扰？你是否希望可以直接告诉开发终端你想要它做什么？Copilot CLI 就能帮你解决这个问题。

通过使用 Copilot CLI 的"××"交互模式，你就能将操作要求转换成具体的命令行，从此再也不需要死记硬背这些命令和参数了。图 13-16 展示了如何使用 Copilot CLI 生成"列出 js 文件"命令行的过程，图 13-17 展示了生成"使用 curl 发起 request"命令行的过程。

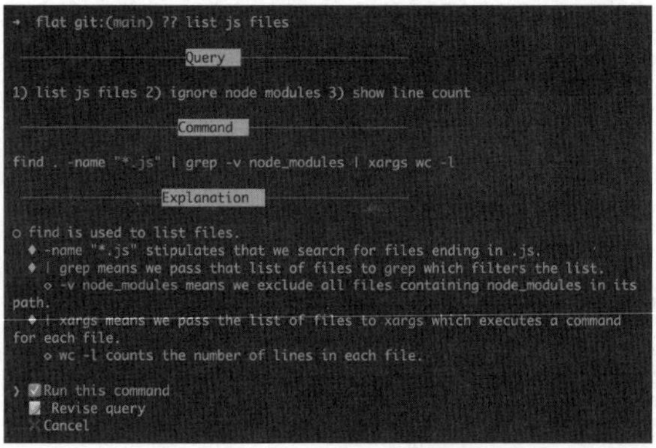

图 13-16

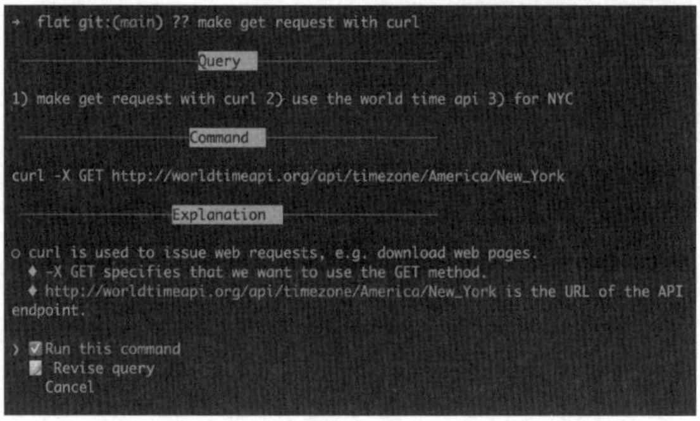

图 13-17

13.1.8　使用 TestPilot 实现单元测试用例的自动生成

TestPilot 让编写单元测试用例变得轻松。TestPilot 可以根据现有的代码和文档自动生成单元测试用例。与许多其他工具不同，TestPilot 生成的单元测试用例的可读性强，具有有意义的断言，并且可以根据软件研发人员的反馈逐步改进其建议。当在 IDE 中选中一个函数进行实现时，TestPilot 会扫描文档注释和代码示例，然后根据找到的信息为该函数生成一系列的单元测试用例。你可以立即运行单元测试用例，如果不通过，那么你可以将看到的任何错误反馈给 TestPilot，并交互式地优化生成的单元测试用例，直到达到最佳状态。

例如，包 Deque.prototype.clear 中的方法 js-sdsl。该包的文档中包含此方法的以下代码示例（如图 13-18 所示）。

```
const v = new Vector([1, 2, 3])
v.clear()
console.log(v.size()) // 0
console.log(v.empty()) // true
```

图 13-18

根据此示例，TestPilot 可以自动生成以下单元测试用例（如图 13-19 所示）。

```
const assert = require('chai').assert
const js_sdsl = require('js-sdsl')
describe('test js_sdsl', function () {
  it('test js_sdsl.Deque.prototype.clear', function () {
    let v = new js_sdsl.Deque([1, 2, 3])
    v.clear()
    assert.equal(v.size(), 0)
    assert.equal(v.empty(), true)
  })
})
```

图 13-19

TestPilot 现在作为 Copilot Labs 的一部分提供，可以和 IDE 无缝集成。图 13-20 所示为 TestPilot 的使用页面。

图 13-20

在许多流行和不太流行的 npm 包上测试了 TestPilot，并测量了生成的单元测试用例的语句覆盖率，发现通常可以达到 60% ~ 80% 的行覆盖率，这个效果是相当不错的。图 13-21 展示了其中一部分数据。

PACKAGE	STATEMENT COVERAGE
bluebird	68.2%
image-downloader	75.8%
js-sdsl	36.5%
simple-statistics	80.1%
zip-a-folder	88.0%

图 13-21

13.1.9　更多的应用

除了上面介绍的，LLM 在软件研发过程中的应用还有很多，下面罗列更多的用途：SQL 语句的智能生成、SQL 语句执行计划的调优、更高效和更精准的静态代码检查与自动修复、智能辅助的代码评审、智能辅助的代码重构、接口测试代码的自动生成、BDD 测试用例步骤和描述的自动映射、更高级的重复代码检查（语义重复检查）、失败测试用例的自动分析与归因、更精准的技术问答等。

13.2　代码大语言模型为软件研发带来的机遇与挑战

看完上面关于 LLM 在软件研发各个环节中的应用，你可能会得出以下结论："完蛋了，软件研发人员要大面积失业了。"真的会这样吗？我们要回答这个问题，就需要从全局来看，首先要搞清楚对于软件研发来说，什么变了、什么没有变？

13.2.1 对于软件研发来说，什么变了

看了前面几节的案例，你应该已经能够体会到 LLM 对软件研发单点效率提高的各种可能性，看到了软件研发的变化。我把这些变化总结为基础编码能力的知识平权，进而带来软件研发的局部效率提高。

以前，工程师个体掌握一门计算机语言及相应的数据结构和算法，需要较长的学习周期，很多经验和模式还需要在大量实践中进行总结。每个软件研发人员都在重复着这个过程，现在 LLM 让一个没有接受过系统培训的个体也能拥有同样的能力，个体和个体之间的能力差异被 LLM 拉平了，这就是知识平权。如果说 ChatGPT 实现了数字时代的知识平权，那么 Codex 类的代码大语言模型实现了基础编码能力的知识平权。

可以说，LLM 降低了软件研发的门槛，可以让更多对软件研发感兴趣的人更轻松地参与到软件研发工作中。同时，LLM 提高了编程的效率和质量，使软件研发人员可以在更短的时间内完成更多的工作，因而能留出更多的时间思考软件编码之外的更多事情，这些事情包括但不限于业务价值提升、业务模式抽象、架构设计优化、架构模式沉淀、软件工程能力提升、研发效能改进等。

哈佛大学前计算机科学教授，曾在谷歌和苹果公司担任高级工程师的 Matt Welsh 发布了一个视频，其中的主要观点是"LLM 的出现将预示着编程的终结"。他认为软件研发人员会被淘汰，未来只有产品经理和代码审查员。我不知道你怎么看待这个观点。我的观点是，在抱有敬畏之心的同时，我们不要轻易下结论。为什么？因为对于软件研发来说，还有很多东西是没有变的，而这些没有变的才是软件工程中的核心问题和主要矛盾。

13.2.2 对于软件研发来说，什么没有变

在讨论这个问题之前，我们先来思考一下软件研发的本质到底是什么。

如果你认真思考，就会发现软件研发属于"手工业"。所以，软件研发在很大程度上还依赖于个人的能力。手工业模式可以有效地支持软件的研发，但是在软件规模大了以后，手工业模式就不行了。

刚开始的时候，软件功能比较简单，一个想法从形成到上线，一个人花半天就搞定了。随着软件功能的丰富和复杂程度增加，需要增加很多细分团队，当软件团队发展到数百人的时候，对软件新任务的开发，往往需要涉及多个团队（需求、产品经理、开发、测试、运维等团队），花费好几周才能完成。由此可见，随着时间的推移，软件研发的效率大幅降低，其中一个核心因素就是软件规模扩大和软件复杂度增加。

软件规模和软件复杂度的关系有点类似于人的身高和体重的关系。90cm高的孩子的体重大概为 30 斤。他长到 180cm，体重大概为 150 斤。身高增长了一倍，体重却足足增长了 4 倍。软件规模可以类比成身高，而软件复杂度可以类比成体重，软件规模增加，必然伴随着软件复杂度更快增加。

软件复杂度包含以下两个层面：软件系统层面的复杂度和软件研发流程层面的复杂度。在软件系统层面，对于大型软件来说，"When things work, nobody knows why"（当事情成功时，往往没人知道为什么）俨然已经是常态。在软件研发流程层面，一个简单的改动，哪怕只有一行代码改动，也需要经历完整的流程，涉及多个团队、多个工具体系的相互协作。可以说，对于大型软件来说，复杂才是常态，不复杂才不正常。

所以，我们现在面对的是软件工程的问题，编程不等于软件工程，编程只是软件工程的一部分。软件工程的四大内在特性（复杂度、一致性、可变性、不可见性）并没有因为 LLM 的出现而发生本质上的变化，这才是软件工程面临的主要矛盾。

从复杂度的角度来看，问题域本身的复杂度并没有变，本质复杂度也没有变，变的可能只是一部分的随机复杂度。虽然局部编程变简单，或者更高效了，但是需求分析和软件设计并没有因为 LLM 的出现而变得简单。另外，如果考虑到现代的软件需要结合 LLM 的能力去实现更多的产品创新，比如将 LLM 的能力应用于智能客服、游戏 NPC（非玩家角色）、数字人、数字孪生和传统办公等，问题域会变得更广，也会更复杂。

从一致性的角度来看，由于软件研发的本质依然是"知识手工业者的大规模协作"，所以我们非常需要一致性。如果系统是一致的，就意味着相似的事情以相似的方式完成，错并不可怕，可怕的是错得千变万化。LLM 的出现并没有提高软件研发的一致性，甚至由于 LLM 本身的概率属性，使用 LLM 生成代码的不一致性问题反而被放大了。

从可变性的角度来看，软件会随着需求不断演进和变化，所以架构设计和模块抽象只能面向当下，它天然是短视的，或者说是有局限性的。对于这种局限性，即使最优秀的架构师也很难避免。在敏捷开发模式下这个问题更被凸显了出来，而且需求本身就是零散的，目标也是模糊的，在没有全局视图的情况下，架构自然就有局限性，所以需要不断迭代。对于每次迭代，你能得到的信息仅仅是宏大视图中的小小一角，根本没有全貌，LLM 对此也是无能为力的。

从不可见性的角度来看，软件的客观存在不具有空间的形体特征，设计上的不同关注点会由不同的软件工程图来展现，比如统一建模语言（UML）中的时序图、类图等。综合叠加这些图是困难的，而且强行可视化的效果会造成图异常复杂，反而失去了可视化的价值。设计无法可视化就限制了有效的沟通和交流。

如果以上四点再叠加上大型软件的规模效应，其中包含软件系统本身的规模和软件研发团队的规模，问题就更严重了，会显著增加软件研发过程中的沟通成本、决策成本、认知成本和试错成本，而这些才是软件工程的本质问题，这些本质问题自始至终都没有变，LLM 对解决这些问题也基本无能为力。

基于上述分析，我们可以看到，软件工程的核心矛盾并没有变，现代软件工程应对的是规模化场景下的复杂性问题，基于 LLM 实现的编程提效只是其中的一小部分，而其中最重要的需求和代码演进模式都没有发生本质变化，我们接下来分别展开讨论。

1. 需求的重要性没有变，在 LLM 时代还被放大了

只有需求足够清楚，生成的代码才会准确。如何准确、全面地描述需求成了关键。面向自然语言编程，首先你要有能力把话说清楚。但是问题是：你能说清楚吗？

我们通过一些实践发现，要把需求描述到让它生成正确的代码，需要的工作量似乎已经接近甚至超过编程了。为什么会这样？有以下两个方面的原因。

一是因为大多数的代码实现是命令式的（imperative），而需求描述是声明式的（declarative），这两者对人的要求完全不一样。软件研发人员接受的教育是编程，而不是需求描述，也就是说软件研发人员更擅长写代码，而不是描述需求。

二是因为在当前的开发模式下，软件研发人员用代码帮需求描述（产品经理）做了很多代偿。很多在需求描述中没有明确提及的内容被软件研发人员用代码直接实现了（代偿）。而现在要倒过来先把需求的细节完全厘清，这可能不是软件研发人员的工作习惯。软件研发人员更善于用代码而非自然语言来描述事务。

举个例子：我们要实现一个排序算法 sort。如何清楚地描述这个需求？sort 算法输出的数字必须是从小到大排列的，这样描述需求就够了吗？其实远远不够，怎么处理重复数字？排序数据的数量有没有上限？如果有，那么如何提示？排序时长需要有超时设计吗？是预先判定还是中途判断？算法复杂度有明确要求吗？算法需要应对并发吗？并发的规模怎么样？等等。

一个软件的需求，不仅是功能性的，还有很多非功能性的，这些都需要描

述清楚。另外，在代码实现的时候，还要考虑为可测试而设计，为可扩展而设计，为可运维而设计，为可观测而设计等。原本这些都由开发人员代偿了，现在要用需求生成代码，就必须提前说清楚。

所以，我们的结论是，软件从业者高估了编程的复杂度，但是却低估了功能和设计的深度。

2. 代码是持续"生长"出来的，需要持续更新

对于现行的软件研发范式来说，在需求发生变动后，一般会在原有代码的基础上改动，而不直接从头生成全部代码。这时，LLM 本质上做的是局部编程辅助。在局部编程辅助过程中，经常需要对代码做局部修改，而这往往并不容易。

我们知道，代码的信息熵大于自然语言的信息熵，用信息熵更低的自然语言去描述代码，尤其是准确描述大段代码中的若干个位置往往是困难的。想象一下，如果只用在线聊天的方式对别人说在代码的什么地方修改，那么效率是很低的，与指着屏幕，或者使用专门的代码评审（Code Review）工具相比，效率的差距是巨大的。如果需要进一步描述如何修改，就更困难，因为大概率需要用到很多代码上下文的相关描述，所以对 Prompt（提示词）的表述要求及长度要求都很高。

另外，LLM 接纳修改意见后的输出本身也是不稳定和不收敛的，同时也具有不可解释性。LLM 本质上不是基于修改意见进行改写，而是基于修改意见重新写了一份。输出的代码需要人重复地阅读和理解，使得认知成本变高了。

同时，LLM 的原理决定了其会"一本正经地胡说八道"，会混合捏造一些不存在的东西，可以说 AI 的混合捏造是 AI 在无知情况下的"自信"反应，而这在代码生成上是灾难性的，比如会将不同类型的 SQL 语句混在一起使用，会分不清 Go 语言的 os.Kill 和 Python 语言的 os.kill()。这个问题可能需要使用 AI 审计 AI 的方式来解决。

刚才提到，要在原有代码的基础上修改，就需要利用已有的代码上下文，而不是从 0 开始。要实现这一点，一个"最朴素"的做法就是把整个项目的代码都粘贴到 Prompt 里，但这样并不现实。因为 GPT-3.5 限制最多只能使用 4096 个 Token，GPT-4 限制最多只能使用 8192 个 Token，除非项目非常小，否则项目的全部代码的长度大概率会超过限制。这个问题可能需要用 LangChain 框架结合向量数据库来解决。

LangChain 框架是一个连接面向用户程序和 LLM 的中间层，通过输入自己的知识库来"定制化"自己的 LLM。11.3.1 节已经详细阐述了 LangChain 框架的知识，这里不再赘述。使用嵌入层（embedding）建立基于项目特定的向量知识库，实现"基于特定文档的问答"，有望提高特定领域代码生成的准确性。

13.3 在LLM时代，对软件研发的更多思考

13.3.1 思考 1：替代的是"码农"，共生的是工程师

在软件研发过程中，在伪代码级别的设计完成后，"最后一公里"的编码实现会被 LLM 替代，因为基于记忆的简单重复编码不是人类的优势，而是机器的优势。这部分工作现在是"码农"做的，所以很多不涉及设计的"码农"可能会被 LLM 替代。

工程师需要关注业务理解、需求拆分、架构设计、设计取舍，并在此基础上学会使用 Prompt 与 AI 工具合作。这就是共生。

另外，特别要提的是，短期内率先学会使用 LLM 的工程师必将获益，但是很快大家都会使用，这个时候能力就再次被拉平了。所以，作为共生的工程师，我们更需要在以下 3 个方面提高自己的能力。

（1）锻炼需求理解、需求分析、需求拆分的能力。

（2）锻炼架构设计、架构分析、设计取舍的能力，并推动设计的文档化和规范化。

（3）学会系统思考，理解问题的本质，而不是单纯地学习应用（授人以鱼不如授人以渔）。

13.3.2　思考 2：有利于控制研发团队规模，保持小团队的效率优势

随着软件规模持续扩大，需要参与到软件项目中的人越来越多，与此相对应的是，各个环节的分工越来越细。因此，人与人之间需要的沟通量呈现指数级增长。沟通所需的时间有时候远远大于节省下来的时间。简而言之，当人员数量超过一个临界点时，增加人员并不能提高任务的完成效率，很多时候反而会因为沟通成本的增加而变得更混乱，这就是软件团队规模的"诅咒"。

在软件规模大了之后，需要的软件研发人员必然会更多，团队规模一定会加速扩大。LLM 的出现，让基础编程工作在一定程度上实现了自动化，这样非常有利于控制研发团队规模，保持小团队的效率优势。

13.3.3　思考 3：不可避免的"暗知识"

LLM 的成功在很大程度上来自对已有的互联网文本语料和专业书籍等资料的学习。在软件工程领域中，需要学习的不仅是代码，还应该包括需求分析和软件设计。

但是，很多需求分析和软件设计并不以文档的形式存在，往往存在于软件研发人员和架构师的脑子里，或者在讨论的过程中。就算有文档，文档和代码大概率不同步。即使文档和代码同步，文档（需求分析和软件设计）背后也经常有大量的方案对比，甚至有很多在原有"债务"基础上的设计妥协，这些决策过程一般都不会明确地被记录下来。这些没有被文档记录下来的知识被称为"暗知识"。

虽然我们说，只要有足够的数据，LLM 就可以学到需求分析和软件设计知识，但是这些"暗知识"本身就很难被捕捉到，"足够的数据"这一前提在需求分析和软件设计时可能难以满足。

另外，在实际的软件研发中，可能不能一次性表达清楚需求，需要一边开发一边写清楚需求，敏捷开发更如此。所以，对于解决一些通用的，不需要特定领域知识的问题，LLM 的表现会比较好，但是对于解决那些专用的，需要特定领域知识（私域知识）的问题，LLM 就可能不擅长。

总之，"你能想到的多过你能说出来的，你能说出来的多过你能写下来的。"所以，这就天然限制了 LLM 能力的上限，因为用于训练 LLM 的语料仅限于写下来的那部分。

13.3.4　思考 4：Prompt 即代码，代码不再是代码

我们大胆地设想，当软件需求发生变化的时候，我们不再改代码，而是直接修改需求对应的 Prompt，然后基于 Prompt 直接生成完整的代码，这将是软件研发范式的改变。在这种范式下，我们需要确保代码不能由人为修改，必须都由 Prompt 直接生成，此时我们还需要对 Prompt 做版本管理，或许会出现类似于今天代码管理的 Prompt 版本管理的"新物种"。

从本质上来看，Prompt 即代码，而原本的代码不再是代码了，这就真正实现了基于自然语言指令（Prompt）的编程，此时的编程范式将从 Prompt to Code（指令转代码）转变为 Prompt as Code（指令即代码）。

更进一步思考，在实现了 Prompt as Code 后，我们是否还需要编程？关于代码的很多工程化实践还重要吗？现在我们之所以认为代码工程化很重要，是因为代码是由人编写的，是由人维护的。如果代码由 LLM 编写，由 LLM 维护，那么现有的软件架构体系还适用吗？这个时候或许才真正实现了软件研发范式的进化。

13.3.5　思考 5：Prompt to Executable **软件研发范式的可能性**

再深入一步思考，指令可运行（Prompt to Executable）的基础设施会出现吗？

代码只是软件工程的一部分，而不是软件工程的全部，你想想你每天用多少时间编码。一般来讲，编码完成后往往要经历持续集成和持续交付等一系列的软件工程实践才能向终端用户交付价值。所以，全新的软件研发范式是否可以实现从 Prompt 直接到可运行的程序实例？这才是软件工程范式的改变。目前，或许 Serverless 是可能实现这个变化的架构之一。

13.4　思考

彼得·德鲁克说过，"动荡时代的最大风险不是动荡本身，而是企图以昨天的逻辑来应对动荡。"我们还在用以往的逻辑分析今天 LLM 对软件工程的影响，这个大前提可能本来就是错的，全新的时代需要全新的思维模式，让我们拭目以待。